高等职业教育计算机类系列教材

# C语言程序设计基础教程

辛向丽 编

机 械 工 业 出 版 社

本书的特点是将主要精力集中在所要解决的问题上，把 C 语言程序设计的方法融入实践环节中，并且在编排程序设计的内容顺序方面，保持与 C 语言程序设计的课程体系内容相吻合，做到循序渐进、系统学习、广泛实践，便于学生接受。

本书内容共 12 章，包括程序设计和 C 语言、算法和语法、顺序结构程序设计、选择结构程序设计、循环结构程序设计、数组、函数、预处理命令、指针、结构体、文件与输入/输出、综合实训。

本书可供高职高专层次各类院校使用，也可供高等院校应用型本科层次使用，还可作为计算机岗位培训的教学用书，或者作为程序设计爱好者的学习参考书。

为方便教学，本书配备电子课件等教学资源，读者可登录机械工业出版社教育服务网 www.cmpedu.com 免费下载。如有问题请致信 cmpgaozhi@sina.com，或致电 010-88379375 联系销售人员。

**图书在版编目（CIP）数据**

C 语言程序设计基础教程/辛向丽编. —北京：机械工业出版社，2018.3（2021.8 重印）
高等职业教育计算机类系列教材
ISBN 978-7-111-59204-4

Ⅰ. ①C… Ⅱ. ①辛… Ⅲ. ①C 语言—程序设计—高等职业教育—教材
Ⅳ. ①TP312.8

中国版本图书馆 CIP 数据核字（2018）第 033407 号

机械工业出版社（北京市百万庄大街 22 号 邮政编码 100037）
策划编辑：王玉鑫 责任编辑：王玉鑫 李绍坤 范成欣
责任校对：潘 蕊 封面设计：马精明
责任印制：郜 敏
北京富资园科技发展有限公司印刷
2021 年 8 月第 1 版第 3 次印刷
184mm×260mm・11 印张・238 千字
标准书号：ISBN 978-7-111-59204-4
定价：35.00 元

电话服务
客服电话：010-88361066
010-88379833
010-68326294

网络服务
机 工 官 网：www.cmpbook.com
机 工 官 博：weibo.com/cmp1952
金 书 网：www.golden-book.com
机工教育服务网：www.cmpedu.com

# 前言

学习 C 语言的目的是进行程序设计，解决实际问题。本书在保证了完整的 C 语言知识体系的基础上，用大量的实例帮助读者掌握程序设计的思想，学会程序设计的方法，达到初步解决实际问题的程序设计要求。本书注重原理与实践相结合，配有大量的例题和应用系统实践开发题目，实用性强。本书共 12 章，把 C 语言程序设计的学习分为四个阶段。

第一阶段（第 1 章），入门阶段：学习 C 语言程序的格式和整体结构，熟悉 C 语言程序开发环境。

第二阶段（第 2~5 章），基础阶段：学习 C 语言的语法和基本结构，掌握 C 语言程序构成的基本要素和三大结构（顺序结构、选择结构、循环结构）。

第三阶段（第 6~11 章），提高阶段：学习 C 语言的特点和特色，掌握数组、函数、指针、结构体类型设计和文件访问操作方法。其中，第 6 和第 7 章应用数组和函数相结合的经典算法，使学生掌握 C 语言程序设计和开发的重要组成部分，第 9 和第 10 章采用指针和结构体类型进行数据处理、链表等方面的典型案例设计。

第四阶段（第 12 章），综合应用阶段：通过小型学生成绩管理系统的设计与开发，提高 C 语言程序设计应用能力。

每章结合基础知识附有综合程序设计实训，给出了一些典型题目，根据实际问题，有针对性地进行程序设计和解答，培养设计和应用程序的能力。教师可根据学生的接受情况适当调整每个阶段的学时数，并在教学过程中，做到教学内容详略得当、重点突出。

在本书的编写过程中，得到了同事和家人的大力帮助，在此表示衷心的感谢。由于编者水平有限，书中难免存在不足之处，敬请广大读者批评指正。

编　者

# 目 录

# 第 1 章

# 程序设计和 C 语言

Chapter 01

本章首先给出计算机程序和计算机语言的概念，在理解程序和语言概念的基础上，重点掌握用 C 语言编写的程序的结构和格式。为此，这里给出三个典型的 C 语言程序实例，通过这 3 个由简到难的例子，使读者在整体上把握 C 语言程序结构，初步认识 C 语言编写的程序。

## 1.1 计算机程序

计算机程序在《计算机软件保护条例》中的定义：为了得到某种结果而可以由计算机等具有信息处理能力的装置执行的代码化指令序列，或者可被自动转换成代码化指令序列的符号化指令序列或者符号化语句序列。

计算机程序或者软件程序（通常简称程序）是指一组指示计算机每一步动作的指令，通常用某种程序设计语言编写，是一组计算机能识别和执行的指令集合。而指令就是要计算机执行某种操作的命令。

计算机的一切操作都是由程序控制的，离开了程序，计算机将一事无成；只要让计算机执行这个程序，计算机就会自动地、有条不紊地进行工作。

## 1.2 计算机语言

计算机语言（Computer Language）是指用于人与计算机之间进行通信的语言。计算机语言是人与计算机之间传递信息的媒介。

计算机语言的发展经历了由低级语言到高级语言的过程。低级语言包括机器语言（由 0 和 1 组成的指令）、符号语言（用英文字母和数字表示的指令）。高级语言指接近于人的自然语言和数学语言。其中高级语言经历了非结构化向结构化发展的阶段，形成了面向过程和面向对象两大分支。

C 语言是国际上广泛流行的计算机高级语言，C 语言从 C83、C89、C99 到 TC2004，经历了多次修订和扩充，形成了国际标准和规范。本书的叙述以 C99 标准为依据。

# 1.3 C语言程序

C 语言具有数据类型丰富、运算符功能强大；多种结构化控制语句；语法限制不严格，程序设计自由度大；可移植性好；生成目标代码质量高，程序执行效率高等特点。因此 C 语言是一种用途广泛、功能强大、使用灵活的过程性编程语言，C 语言具有高级语言功能和低级语言功能，这种双重性使得 C 语言既可用于编写应用软件，又能用于编写系统软件。

## 1.3.1 C 语言程序举例

为了说明 C 语言程序结构和格式的特点，先分析以下三个程序。这三个程序由简到难，很好地表现了 C 语言程序在组成结构上的特点。虽然有关内容还未介绍，但从这些例子中可以了解到一个 C 语言程序的基本结构和书写格式。

【例 1.1】要求在屏幕上输出以下信息。

This is a C program.

解题思路：在主函数中用 printf()函数原样输出以上文字。

编写程序：

```
#include<stdio.h>                          //编译预处理命令
int  main()                                //定义主函数
{                                          //函数开始标志
    printf("This is a C programm!");       //输出一行信息
    return 0;                              //函数返回值 0
}                                          //函数结束标志
```

运行结果：

```
This is a C program.
```

程序分析：

本程序的功能是在屏幕上输出指定的信息。程序第 2 行，main 是函数的名字，表示主函数，main 前的 int 表示函数的类型是整型。程序第 5 行 return 0 的作用是：当主函数执行结束前将整数 0 作为函数值，返回系统调用处。

【例 1.2】求两个整数之和。

解题思路：

设置 3 个变量，a 和 b 用来存放两个整数，sum 用来存放和数，用赋值运算符“=”把结果传送给 sum。

编写程序：

```
#include<stdio.h>                          //编译预处理命令
int main()                                 //定义主函数
{                                          //函数开始标志
    int a,b,sum;                           //声明部分，定义三个变量
    a=123;                                 //对变量 a 赋值
```

```
    b=456;                          //对变量 b 赋值
    sum=a+b;                        //进行 a+b 的运算，把值赋给 sum 变量
    printf("sum is %d\n",sum);      //输出结果
    return 0;                       //函数返回值 0
}                                   //函数结束标志
```

运行结果：

```
sum is 579
```

程序分析：

本程序的功能是求两个整数 a 和 b 之和。程序第 4 行是定义部分，定义了本程序中用到的 3 个变量。第 5、6 行是赋值语句，a 和 b 的值分别是 123 和 456。第 7 行求和，第 8 行应用 printf()函数输出结果。

【例 1.3】求两个整数中的较大者。

解题思路：用一个函数实现求两个整数中的较大者，在主函数中调用此函数并输出结果。

编写程序：

```
#include <stdio.h>                  //编译预处理命令
int main( )                         //定义主函数 main
{   int max(int x,int y);           //对被调函数 max 进行声明
    int a, b, c;                    //声明部分，定义 3 个变量
    scanf("%d%d",&a,&b);            //输入变量 a,b 的值
    c=max(a,b);                     //调用 max 函数，将返回值赋值变量 c
    printf("max=%d\n",c);           //输出 c 变量的值
    return 0;                       //函数返回值 0
}                                   //函数结束标志
int max(int x, int y)               //定义 max 函数，返回值为整型，形参 x,y
{   int z;                          //整型变量 z
    if(x>y) z=x;
    else z=y;                       //if 语句求 x,y 的较大者
    return (z);                     //函数 max 的返回值 z,返回主函数调用 max 处
}
```

运行结果：

```
8 5
max=8
```

程序分析：

本程序的功能是由用户输入两个整数，程序执行后输出其中较大的数。本程序由两个函数组成：主函数和 max()函数。max 函数是一个用户自定义函数，它的功能是比较两个数的大小，然后把较大的数返回给主函数。在主函数中要给出 max()函数原型说明（程序第三行）。可见，在程序的说明部分中，不仅可以有变量说明，还可以有函数说明。关于函数的详细内容将在第 5 章介绍。在程序的每行后用/*和*/括起来的内容为注释部分，程序不执行注释部分。

上例中程序的执行过程：首先在屏幕上显示提示串，请用户输入两个数，按<Enter>键后由 scanf()函数语句接收这两个数送入变量 x 和 y 中，然后调用 max()函数，并把 x 和 y 的值传送给 max()函数的参数 a 和 b。在 max()函数中比较 a 和 b 的大小，把大者返回给主函数的变量 z，最后在屏幕上输出 z 的值。

### 1.3.2 C 语言程序结构

C 语言程序的结构特点如下：

1）一个源程序文件中可以包括预处理指令、全局声明和函数定义三个部分。

2）函数是 C 语言程序的主要组成部分。一个 C 语言程序由一个或多个函数组成，必须包含一个 main()函数（且只能有一个），每个函数都用来实现一个或几个特定功能。

3）一个函数包括函数首部和函数体两个部分。函数首部包含函数类型、函数名、参数类型、参数名，函数体包含声明部分和执行部分。

4）程序总是从 main()函数开始执行。

5）C 语言程序对计算机的操作由 C 语句完成。

6）数据声明和语句最后必须有分号。

7）C 语言本身不提供输入/输出语句。

8）程序应当包含注释，增加可读性。C 语言支持两种注释方式，单行注释和多行注释。

```
// 单行文字
/*
任意行文字
*/
```

## 1.4 运行 C 语言程序

1. 上机输入和编辑源程序（.c 文件）
2. 对源程序进行编译（.obj 文件）
3. 进行连接处理（.exe 文件）
4. 运行可执行程序，得到运行结果

说明：以上过程参见附录 A。

## 1.5 程序设计任务

1. 问题分析
2. 设计算法
3. 编写程序
4. 对源程序进行编辑、编译和连接

5. 运行程序，分析结果
6. 编写程序文档

**说明**：以上是程序设计任务的步骤和方法。

## 1.6 本章习题

1. 请编写程序输出以下信息。

```
*********************************
        hello world!
*********************************
```

2. 输入 3 个整数，按由小到大输出。
3. 输入一个整数，要求按逆序输出（如输入 123，输出 321）。

# 第 2 章

# 算法和语法

Chapter 02

本章包含两部分内容：简单算法和基本语法。在算法中，重点分析算法的传统流程图和 N-S 流程图的表示方法；掌握顺序结构、选择结构和循环结构是构成程序流程的三种基本结构；在语法中，给出构成程序的基本要素：数据类型、常量和变量、运算符和表达式，这些是编写程序的必备知识，应在理解的基础上重点掌握。

## 2.1 算法的基本概念

一个程序应包括以下两个方面的内容：对数据的描述（称为数据结构）和对操作的描述（称为算法）。数据结构是解决“做什么”的问题，算法是解决“怎么做”的问题。

著名计算机科学家沃思（Nikiklaus Wirth）提出一个公式：算法+数据结构=程序。

完整的程序设计应该是：数据结构 + 算法 + 程序设计方法 + 语言工具。

广义地说，为解决一个问题而采取的方法和步骤就称为“算法”。对同一个问题，可以有不同的解题方法和步骤。

**【例 2.1】**求 5!的算法描述。

可以设两个变量：一个变量代表被乘数，一个变量代表乘数。不另设变量存放乘积结果，而直接将每一步骤的乘积放在被乘数变量中。设 t 为被乘数，i 为乘数。用循环算法来求结果，算法如下：

S1：1⇒t

S2：2⇒i

S3：t*i⇒t

S4：i+1⇒i

S5：当 i≤5，返回 S3 继续执行；否则，结束。

## 2.2 算法流程图的表示

### 2.2.1 传统流程图

美国国家标准化协会（American National Standard Institute，ANSI）规定了流程图符号。常用的流程图符号如图 2-1 所示。

【例 2.2】求 5!的传统流程图表示算法。

5!的传统流程图表示算法如图 2-2 所示。

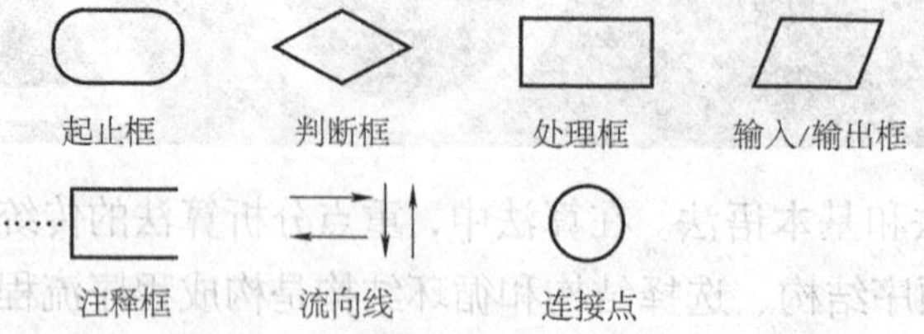


图 2-1

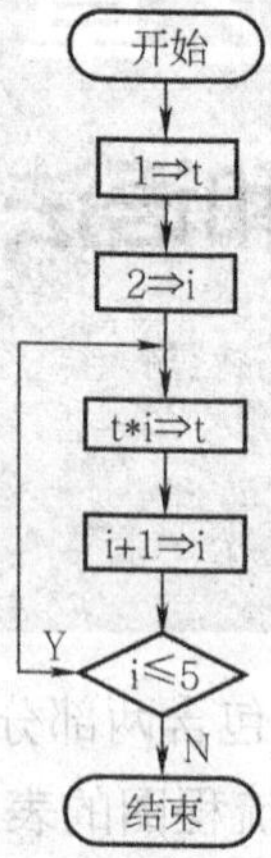


图 2-2

## 2.2.2 3 种基本结构

流程图算法表示有以下 3 个基本结构单元：顺序结构、选择结构、循环结构，如图 2-3 和图 2-4 所示。

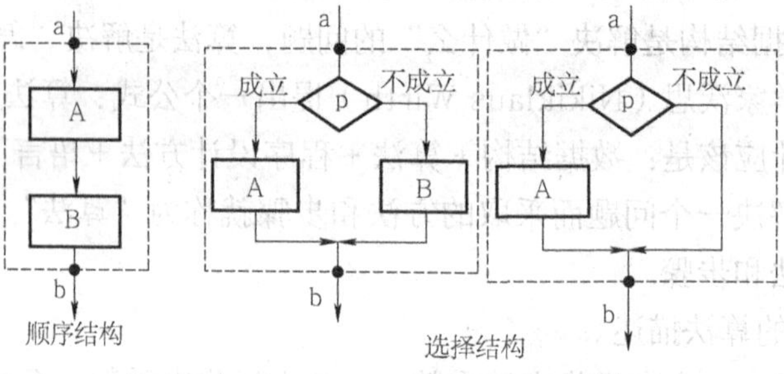


图 2-3

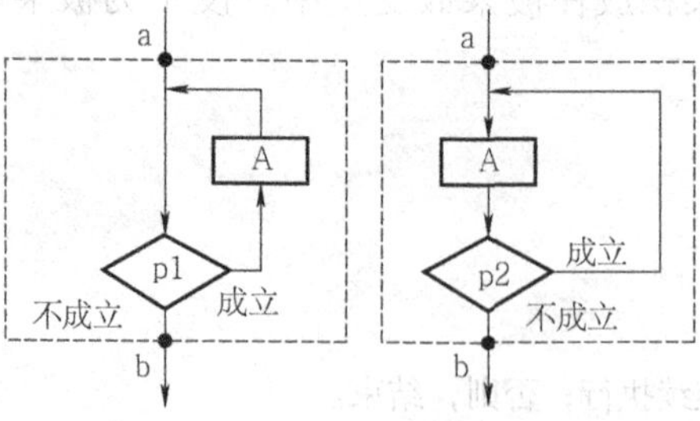


a) b)

图 2-4

图 2-4 表示循环结构的两种形式：当型循环结构（见图 2-4a）和直到型循环结构（见图 2-4b）。当型循环结构是先判断条件 p1 是否成立，再决定是否执行 A 操作；直到型循环结构是先执行一次 A 操作，再判断条件 p2 是否成立，若条件成立，则执行 A 操作，直到 p2 条件不成立为止。

### 2.2.3 N-S 流程图

在 N-S 流程图中，完全去掉了带箭头的流程线。全部算法写在一个矩形框内，在该框内还可以包含其他的从属于它的框，或者说由一些基本的框组成一个大的框。这种流程图又称 N-S 结构化流程图。

N-S 流程图的三种基本结构符号如图 2-5 和图 2-6 所示。

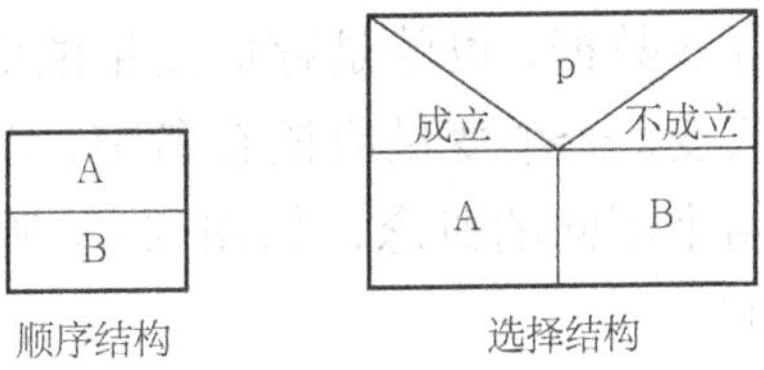


图 2-5

图 2-5 是顺序结构和选择结构，选择结构中的 A 操作或 B 操作可以只有一个。

图 2-6 是循环结构的两种形式：当型循环结构（见图 2-6a）和直到型循环结构（见图 2-6b）。

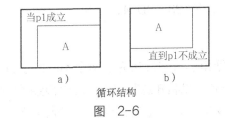

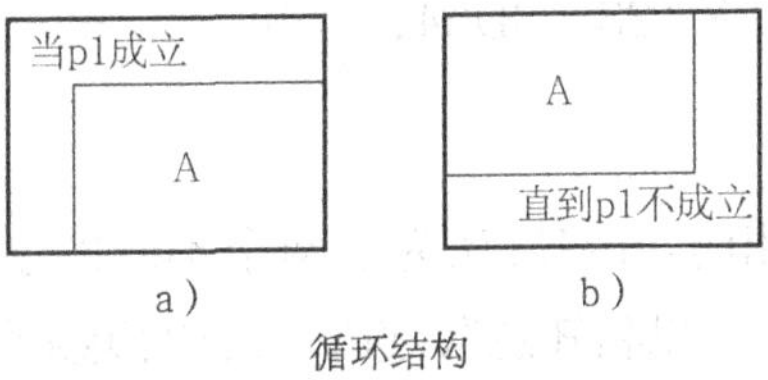


图 2-6

【例 2.3】求 5!的 N-S 流程图表示算法。

5!的 N-S 流程图表示算法如图 2-7 所示。

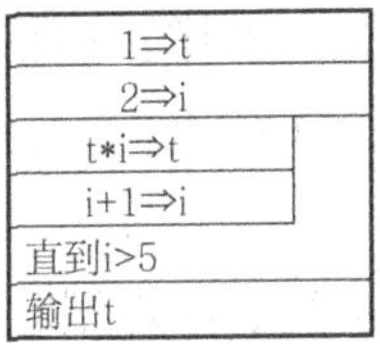


图 2-7

## 2.3 数据表示和数据类型

在计算机高级语言中，常量和变量是数据的两种表示形式。在程序执行过程中，其值不发生改变的量称为常量，其值可变的量称为变量。常量与变量依据数据类型进行分类，因此有各种类型的常量和变量，即常量和变量都区分数据类型。在程序中，常量是可以不经说明而直接引用的，而变量则必须先定义后使用。

### 2.3.1 常量和变量

#### 1. 常量

常量是在程序运行期间，其值不发生改变的量。常量分为不同的类型：整型常量、实型常量、字符常量、字符串常量、符号常量。

### 2. 变量

变量代表一个有名字的，具有特定属性的一个存储单元。它用来存放数据，也就是存放变量的值。在程序运行期间，变量的值可以改变。一个变量应该有名字，以便于引用。变量的值和变量的名是两个不同的概念，如图 2-8 所示。变量定义必须放在变量使用之前。

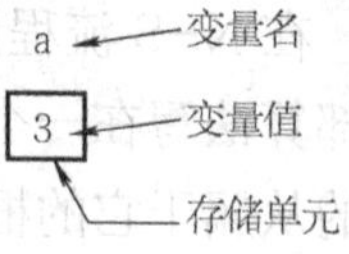

图 2-8

### 3. 变量命名规定

C 语言规定合法标识符只能由字母、数字和下划线 3 种字符组成，且第一个字符必须为字母或下划线。

例如：合法：sum，_total，month，Student_nam，lotus_1_2_3，BASIC，li_ling。

非法：M.D.John，￥123，3D64，a>b。

### 4. 注意事项

1）编译系统将大写字母和小写字母认为是两个不同的字符。

2）在命名变量时，应做到“见名知意”，选有含意的英文单词（或其缩写）作为变量名。

3）要求对所有用到的变量作强制定义，也就是“先定义，后使用”。

## 2.3.2 数据类型

数据类型就是对数据分配存储单元的安排，包括存储单元的长度和数据的存储形式。不同的类型有不同的长度和存储形式。在 C 语言中，数据类型可分为基本数据类型、构造数据类型、指针类型和空类型等。

本节主要介绍基本数据类型中的整型、浮点型和字符型。其余类型在以后各章中陆续介绍。

## 2.3.3 整型数据

### 1. 整型常量

整型常量就是整常数。在 C 语言中，整常数有八进制、十六进制和十进制三种。

1）十进制整数：如 123、-456。

2）八进制整数：以 0 开头的数是八进制数。

例如：0123 表示八进制数 123，-011 表示八进制数-11。

3）十六进制整数：以 0x 开头的数是十六进制数。

例如：0x123 表示十六进制数 123，-0x12 表示十六进制数-12。

### 2. 整型变量

（1）整型变量的存储特点

在 VC++6.0 中，一个整型变量在内存中分配 4 个字节（32 位）的存储单元。

（2）整型数据的分类

整型数据共分为六种类型，如图 2-9 所示。

| 整型数据的分类 | | |
|---|---|---|
| | 有符号基本整型 | (signed) int |
| | 有符号短整型 | (signed) short (int) |
| | 有符号长整型 | (signed) long (int) |
| | 无符号基本整型 | unsigned int |
| | 无符号短整型 | unsigned short (int) |
| | 无符号长整型 | unsigned long (int) |

图 2-9

注：括号表示其中的内容是可选的。

（3）整型变量的定义

变量定义的一般形式：

类型说明符　变量名标识符，变量名标识符，…；

例如：

```
int a,b,c;            //a,b,c 为整型变量
long x,y;             //x,y 为长整型变量
unsigned p,q;         //p,q 为无符号整型变量
```

### 3. 定义变量的注意事项

1）可以定义多个相同类型的变量：类型说明符与变量名之间至少用一个空格间隔，各变量名之间用**逗号**间隔，最后一个变量名之后必须以**“;”号**结尾。

2）变量定义必须放在变量使用之前。

【**例 2.4**】整型变量的定义与使用。

```
#include <stdio.h>
int main ()
{  int a,b,c,d;
   unsigned u;
   a=12;b=-24;u=10;
   c=a+u;d=b+u;
   printf("a+u=%d,b+u=%d\n",c,d);
   return 0;
}
```

运行结果：

```
a+u=22,b+u=-14
```

程序分析：

本程序中的第 3 行定义了 4 个基本整型变量 a、b、c、d，第 4 行定义了无符号基本整型 u，第 5 行给变量赋值，第 6 行运算，第 7 行输出变量的值。

## 2.3.4　实型数据

实型也称为浮点型。

### 1. 实型常量

实型常量也称为实数或者浮点数。在C语言中，实数只采用十进制。它有以下两种形式：十进制小数形式和指数形式。

### 2. 实型变量

1）实型变量的存储特点：一个浮点型数据一般在内存中占 4 个字节（32 位）。

2）实型变量的分类：单精度（float 型）、双精度（double 型）和长双精度型（long double）。

3）实型变量定义：规则同整型变量定义。

例如：float a,b;

## 2.3.5 字符型数据

### 1. 字符常量

字符常量是用单引号括起来的一个字符。

例如：

'a'、'b'、'='、'+'、'?'

在C语言中，字符常量有以下特点：

1）字符常量只能用单引号括起来，不能用双引号或其他括号。

2）字符常量只能是单个字符，不能是字符串。

3）字符可以是字符集中的任意字符，但数字被定义为字符型之后就不能参与数值运算，如'5'和 5 是不同的。

### 2. 转义字符

转义字符是一种特殊的字符常量。转义字符以反斜线“\”开头，后跟一个或几个字符。转义字符具有特定的含义，不同于字符原有的意义，故称“转义”字符。例如，在前面各例题 printf()函数的格式串中用到的“\n”就是一个转义字符，其意义是“回车换行”。常用的转义字符及其含义见表 2-1。

**表 2-1　常用的转义字符及其含义**

| 转义字符 | 转义字符的意义 | ASCII 代码 |
|---|---|---|
| \n | 回车换行 | 10 |
| \t | 横向跳到下一制表位置 | 9 |
| \b | 退格 | 8 |
| \r | 回车 | 13 |
| \\ | 反斜线符"\" | 92 |
| \' | 单引号符 | 39 |
| \" | 双引号符 | 34 |
| \ddd | 1～3 位八进制数所代表的字符 | |
| \xhh | 1～2 位十六进制数所代表的字符 | |

### 3. 字符变量

（1）字符变量的定义

字符变量用来存储字符常量，即单个字符。字符变量的类型说明符是 char。字符变量类型的定义规则与整型变量相同。

例如：char a,b;

（2）字符数据在内存中的存储形式及使用方法

每个字符变量被分配一个字节的内存空间，因此只能存放一个字符。字符值是以 ASCII 码的形式存放在变量的内存单元之中的。

例如，字符常量'x'的十进制 ASCII 码是 120，字符常量'y'的十进制 ASCII 码是 121。对字符变量 a，b 赋予'x'和'y'值：

a='x';

b='y';

实际上是在 a，b 两个单元内存放 120 和 121 的二进制代码，如下所示。

a：

| | | | | | | | |
|---|---|---|---|---|---|---|---|
| 0 | 1 | 1 | 1 | 1 | 0 | 0 | 0 |

b：

| | | | | | | | |
|---|---|---|---|---|---|---|---|
| 0 | 1 | 1 | 1 | 1 | 0 | 0 | 1 |

所以字符量也可以看成整型量。C 语言允许对整型变量赋以字符值，也允许对字符变量赋以整型值。输出时，允许把字符变量按整型量输出，允许把整型量按字符量输出。整型量为二字节量，字符量为单字节量，当整型量按字符型量处理时，只有低八位字节参与处理。

**【例 2.5】** 向字符变量赋以整数。

编写程序：

```
#include <stdio.h>
int main()
{
  char a,b;
  a=120;
  b=121;
  printf("%c ,%c\n",a,b);
  printf("%d ,%d\n",a,b);
  return 0;
}
```

运行结果：

```
x,y
120,121
```

程序分析：

本程序中定义 a、b 为字符型，但在赋值语句中赋以整型值。从结果看，a、b 值的输出形式取决于 printf()函数格式串中的格式符，当格式符为"c"时，对应输出的变量值为字符；当格式符为"d"时，对应输出的变量值为整数。

【例 2.6】分析下列程序的运行结果。

```
#include <stdio.h>
int main()
{
    char a,b;
    a='a';
    b='b';
    a=a-32;
    b=b-32;
    printf("%c,%c\n%d,%d\n",a,b);
    return 0;
}
```

运行结果：

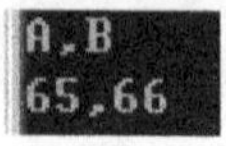


程序分析：

本例中，a，b 被说明为字符变量并赋予字符值，C 语言允许字符变量参与数值运算，即用字符的 ASCII 码参与运算。由于大小写字母的 ASCII 码相差 32，因此运算后把小写字母换成大写字母，然后分别以整型和字符型输出。

## 4. 字符串常量

字符串常量是由一对双引号括起的字符序列，如"CHINA" "C program" "$12.5"等都是合法的字符串常量。

字符串常量和字符常量是不同的量。它们的区别如下：

1）字符常量由单引号括起来，字符串常量由双引号括起来。

2）字符常量只能是单个字符，字符串常量则可以含一个或多个字符。

3）可以把一个字符常量赋予一个字符变量，但不能把一个字符串常量赋予一个字符变量。在C 语言中没有字符串变量，可以用一个字符数组来存放一个字符串常量。

4）字符常量占一个字节的内存空间。字符串常量占的内存字节数等于字符串中的字节数加 1。增加的一个字节中存放字符"\0" （ASCII 码为 0）。这是字符串结束的标志。

例如：

字符串"C program"在内存中所占的字节如下：

| | | | | | | | | | |
|---|---|---|---|---|---|---|---|---|---|
| C | | p | r | o | g | r | a | m | \0 |

字符常量'a'和字符串常量"a"虽然都只有一个字符，但在内存中的情况是不同的。

'a'在内存中占一个字节，可表示如下：

| |
|---|
| a |

"a"在内存中占两个字节，可表示如下：

| | |
|---|---|
| a | \0 |

## 2.4 运算符和表达式

### 2.4.1 运算符简介

#### 1. 运算符的分类

1）算术运算符：用于各类数值运算，包括加（+）、减（-）、乘（*）、除（/）、求余（或称模运算，%）、自增（++）、自减（--）共7种。

2）关系运算符：用于比较运算，包括大于（>）、小于（<）、等于（==）、大于等于（>=）、小于等于（<=）和不等于（!=）6种。

3）逻辑运算符：用于逻辑运算，包括与（&&）、或（||）、非（!）3种。

4）赋值运算符：用于赋值运算，分为简单赋值（=）、复合算术赋值（+=，-=，*=，/=，%=）。

5）条件运算符：这是一个三目运算符，用于条件求值（？：）。

6）逗号运算符：用于把若干表达式组合成一个表达式（，）。

7）指针运算符：用于取内容（*）和取地址（&）两种运算。

8）求字节数运算符：用于计算数据类型所占的字节数（sizeof）。

9）特殊运算符：有括号（）、下标[]、成员（→，.）等几种。

#### 2. 运算符的优先级

在C语言中，运算符的运算优先级共分为15级。1级最高，15级最低。在表达式中，优先级较高的先于优先级较低的进行运算。在一个运算量两侧的运算符优先级相同时，则按运算符的结合性所规定的结合方向处理。

#### 3. 运算符的结合性

在C语言中，各运算符的结合性分为两种，即左结合性（自左至右）和右结合性（自右至左）。例如，算术运算符的结合性是自左至右，即先左后右。如有表达式x-y+z，则y应先与“-”号结合，执行x-y运算，然后再执行+z的运算。这种自左至右的结合方向就称为“左结合性”。而自右至左的结合方向称为“右结合性”。最典型的右结合性运算符是赋值运算符。如x=y=z，由于“=”的右结合性，应先执行y=z，再执行x=（y=z）运算。C语言运算符中有不少为右结合性，应注意区别，以避免理解错误。

#### 4. 运算符的优先级和结合性（参见附录C）

### 2.4.2 算术运算符和算术表达式

#### 1. 算术运算符

1）加法运算符“+”：加法运算符为双目运算符，即应有两个量参与加法运算，如a+b、

4+8 等，具有右结合性。

2）减法运算符“-”：减法运算符为双目运算符，但“-”也可作负值运算符，此时为单目运算，如-x、-5 等具有左结合性。

3）乘法运算符“*”：双目运算，具有左结合性。

4）除法运算符“/”：双目运算，具有左结合性。参与运算量均为整型时，结果也为整型，舍去小数。如果运算量中有一个是实型，则结果为实型。

5）求余运算符（模运算符）“%”：双目运算，具有左结合性。要求参与运算的量均为整型。求余运算的结果等于两数相除后的余数。

【例 2.7】分析程序的运行结果。

```
#include <stdio.h>
int main( )
{
    printf("%d,%d\n",20/7,-20/7);
    printf("%f,%f\n",20.0/7,-20.0/7);
    return 0;
}
```

运行结果：

```
2,-2
2.857143,-2.857143
```

【例 2.8】分析程序的运行结果。

```
#include <stdio.h>
int main( )
{
    printf("%d,%d\n",100/3,100%3);
    return 0;
}
```

运行结果：

```
33,1
```

## 2. 算术表达式

表达式是由运算符连接常量、变量、函数所组成的式子。每个表达式都有一个值和类型。表达式求值按运算符的优先级和结合性所规定的顺序进行。单个的常量、变量、函数可以看作表达式的特例。

算术表达式：用算术运算符和括号将运算对象（也称操作数）连接起来的符合 C 语法规则的式子。

例如：

```
a+b
(a*2) / c
(x+r)*8-(a+b) / 7
```

```
++i
sin(x)+sin(y)
(++i)-(j++)+(k--)
```

### 3. 强制类型转换运算符

强制类型转换运算符的一般形式如下：

（类型说明符）　（表达式）

其功能是把表达式的运算结果强制转换成类型说明符所表示的类型。

例如：

(float) a　　　把 a 转换为实型

(int)(x+y)　　把 x+y 的结果转换为整型

【例 2.9】分析程序的运行结果。

```
#include <stdio.h>
int main()
{
    float x;
    int i;
    x=3.6;
    i=(int)x;
    printf("x=%f, i=%d\n", x, i);
    return 0;
}
```

运行结果：

### 4. 自增、自减运算符

自增 1 运算符记为“++”，其功能是使变量值自增 1。

自减 1 运算符记为“--”，其功能是使变量值自减 1。

自增 1、自减 1 均为单目运算符，具有右结合性。常使用形式如下：

++i　　++在前先自加，再使用。

i++　　++在后先使用，再自加。

--i　　--在前先自减，再使用

i--　　--在后先使用，再自减

【例 2.10】分析程序的运行结果。

```
#include <stdio.h>
int main()
{
   int i,j,m,n;
   i=8;
   j=10;
   m=++i;
```

```
    n=j++;
    printf("%d,%d,%d,%d\n",i,j,m,n);
}
```

运行结果：

```
9,11,9,10
```

## 2.4.3 赋值运算符和赋值表达式

### 1. 赋值运算符

简单赋值运算符记为“=”。由“=”连接的式子称为赋值表达式。其一般形式如下：

变量=表达式

例如：

x=a+b

赋值表达式的功能是计算表达式的值再赋予左边的变量。赋值运算符具有右结合性。因此

a=b=c=5

可理解为

a=（b=（c=5））

### 2. 复合的赋值运算符

在赋值符“=”之前加上算术运算符就构成了复合赋值符，如+=，-=，*=，/=，%=。

变量　算术运算符= 表达式

等效于

变量=变量 运算符 表达式

例如：

a+=5　　等价于 a=a+5

x*=y+7　　等价于 x=x*（y+7）

r%=p　　等价于 r=r%p

复合赋值符这种写法十分有利于编译处理，能提高编译效率并产生质量较高的目标代码。

## 2.4.4 逗号运算符和逗号表达式

在C语言中，逗号“,”也是一种运算符，称为逗号运算符。其功能是把两个表达式连接起来组成一个表达式，称为逗号表达式。

逗号运算符的一般形式如下：

表达式 1，表达式 2

其求值过程是分别求两个表达式的值，并以表达式 2 的值作为整个逗号表达式的值。

例如：( a =3*5， a*4)， a +5

**注意：** 并不是所有出现逗号的地方都组成逗号表达式。如“，”在变量说明中，函数参数表中逗号只是用作各变量之间的间隔符。

例如：printf("%d,%d,%d",a,b,c);

printf("%d,%d,%d",(a,b,c),b,c);

## 2.5 本章习题

### 一、选择题

1. 设以下变量均为 int 类型，则值不等于 7 的表达式是________。

A. (x=y=6,x+y,x+1)　　B. (x=y=6,x+y,y+1)

C. (x=6,x+1,y=6,x+y)　　D. (y=6,y+1,x=y,x+1)

2. 下列 4 组选项中，均是不合法的用户标识符的选项是________。

A. W　P_0　do　　B. b-a　goto　int

C. float　2a0　_A　　D. -123　abc　TEMP

3. 已知字母 A 的 ASCII 码为十进制数 65,且 c2 为字符型,则执行语句 c2='A'+'6'-'3' 后，c2 中的值为________。

A. D　　B. 68　　C. 不确定的值　　D. C

4. 设 C 语言中，一个 int 型数据在内存中占两个字节，则 unsigned int 型数据的取值范围为________。

A. 0~255　　B. 0~32767　　C. 0~65535　　D. 0~2147483647

5. 设有说明：char w; int x; float y; double z;则表达式 w*x+z-y 值的数据类型为____。

A. float　　B. char　　C. int　　D. double

6. int k=7,x=12;则下列表达式值为 3 的是________。

A. x%=(k%=5)　　B. x%=(k-k%5)

C. x%=k-k%5　　D. (x%=k)-(k%=5)

7. 假设所有变量均为整型，则表达式(a=2,b=5,b++,a++)的值是________。

A. 7　　B. 8　　C. 6　　D. 2

8. 在计算机系统中，可执行程序是________。

A. 源程序代码　　B. ASCII 码

C. 汇编语言代码　　D. 机器语言代码

9. 以下 4 个字符中 ASCII 码值最大的是________。

A. 'b'　　B. 'B'　　C. 'y'　　D. 'Y'

10. 在以下 4 个式子中，非法的表达式是________。

A. a+b=c　　B. 6>3+3　　C. a=b=1　　D. a=a+a

11. 若 x 和 y 都是 int 型变量，x=100，y=200，且有下面的程序片段：

printf ( "%d", ( x,y ) ) ；则上面程序片段的输出结果是________。

A. 200　　B. 100

C. 100 200　　D. 输出格式符不够，输出不确定的值

12. C 语言源程序文件经过 C 编译程序编译链接之后所生成的文件的扩展名为________。

A. .c　　B. .obj　　C. .exe　　D. .bas

13. 以下程序的运行结果是________。

```
#include<stdio.h>
void main()
{       int a,b,d=241;
        a=d/100%9;
        b=++a;
        printf("%d,%d",a,b);}
```

A. 6,1　　B. 3,3　　C. 6,0　　D. 2,0

14. 以下不能正确表示算式 $\frac{a \cdot x}{b \cdot y}$ 的表达式是________。

A. ( a*x ) /b*y　　B. a*x/ ( b*y )

C. a/b*x/y　　D. a*x/b/y

15. 执行语句 printf ( "______", 2 )；横线上填入以下哪项将得到出错信息________。

A. %d　　B. %o　　C. %x　　D. %f

16. 以下对字符串大小的判断中错误的是________。

A. "MAX"等于"max"　　B. "　" 不等于 ""

C. "ab"小于"abc"　　D. "then"大于"that"

17. 有以下程序

```
#include<stdio.h>
void main()
  {
    int x=102, y=012;
    printf("%2d,%2d\n",x,y);
  }
```

执行后输出的结果是________。

A. 10,01　　B. 002,12　　C. 102,10　　D. 02,10

18. 以下选项中不正确的整型常量是________。

A. 12L　　B. -10　　C. 1,900　　D. 123U

## 二、填空题

1. 结构化程序由三种基本结构组成：________结构、________结构和________结构。

2. 一个算法应该具有的五个特性是：确定性、有效性、有穷性、________个输入和________。

3. 数学式子$\frac{\sqrt{2y}}{x+y}$的表达式为________。

4. 表达式 8/4*(int)2.5/(int)(1.25*(3.7+2.3))值的数据类型为________。

5. 请在一行上写出利用中间变量 t 将变量 a 和 b 中的内容进行交换的程序段________。

6. 若有以下定义，则计算表达式 y+=y-=m*=y 后的 y 值是________。

int m=5,y=2;

7. 若 s 是 int 型变量，且 s=6，则下面表达式的值为________。

s%2+(s+1)%2

8. 若 a 是 int 型变量，则下面表达式的值为________。

(a=4*5,a*2),a+6

9. 若 x 和 a 均是 int 型变量，则计算表达式（1）后的 x 值为________，计算表达式（2）后的 x 值为________。

（1）x=(a=4,6*2)　　　（2）x=a=4,6*2

10. 若 a 是 int 型变量，则计算下面表达式后 a 的值为________。

a=25/3%3

11. 若 x 和 n 均是 int 型变量，且 x 和 n 的初值均为 5，则计算表达式后 x 的值为________，n 的值为________。

x+=n++

12. 若有定义：char c='\010'；则变量 c 中包含的字符个数为________。

13. 若有定义：int x=3,y=2;float a=2.5,b=3.5;则下面表达式的值为________。

(x+y)%2+(int)a/(int)b

14. 以下的输出结果是________。

```
main()
{    int x=1,y=2;
     printf("x=%d y=%d * sum * =%d\n",x,y,x+y);
     printf("10 Squared is : %d\n",10*10);}
```

15. 假设变量 a 和 b 均为整型，以下语句可以不借助任何变量把 a、b 中的值进行交换。请填空。

a+=________; b=a-________; a-=________;

16. 有一输入语句 scanf("%d",k);则不能使 float 类型变量 k 得到正确数值的原因是________和________。

17. 有以下语句段：

int n1=10,n2=20;

printf("________ ",n1,n2);

要求按以下格式输出 n1 和 n2 的值，每个输出行从第一列开始，请填空。

n1=10

n2=20

18. 以下的输出结果是________。

```
main()
{    int x=1,y=2;
     printf("x=%d y=%d * sum * =%d\n",x,y,x+y);
     printf("10 Squared is : %d\n",10*10);
}
```

# 第 3 章

# 顺序结构程序设计

Chapter 03

从程序流程的角度来看，程序可以分为三种基本结构：顺序结构、分支结构和循环结构。这三种基本结构可以组成各种复杂程序。C语言提供了专门语句来实现这三种基本结构。本章介绍赋值语句、函数、输入/输出语句及其在顺序结构中的应用。

## 3.1 C语句概述

一个C语言程序的层次结构如图 3-1 所示。

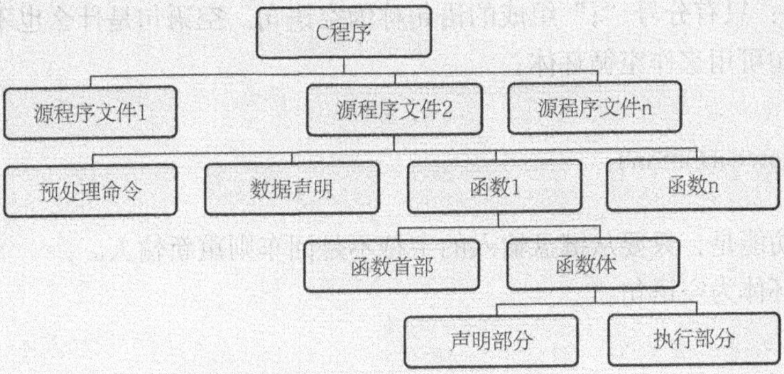


图 3-1

依据自顶向下、逐层分解、逐步细化的原则分析图 3-1，可以看出函数是C语言程序的基本单元，函数的执行部分是实现程序功能的重要组成部分，该执行部分是由语句组成的。

C 语句可分为以下五类：表达式语句、函数调用语句、控制语句、复合语句和空语句。

1）表达式语句：由表达式加上分号“;”组成。

其一般形式如下：

表达式;

例如：

x=y+z;　赋值语句;

2）函数调用语句：由函数名、实际参数加上分号“;”组成。

其一般形式如下：

函数名（实际参数表）;

例如：

printf("C Program");调用库函数，输出字符串。

3）控制语句：控制语句用于控制程序的流程，以实现程序的各种结构方式。C 语言有 9 种控制语句。控制语句可分成以下几类：

1）条件分支语句：if 语句、switch 语句。

2）循环控制语句：do while 语句、while 语句、for 语句。

3）转向语句：break 语句、continue 语句、return 语句。

4）复合语句：把多个语句用括号{}括起来组成的语句。

在程序中应把复合语句看成是单条语句，而不是多条语句。

例如：

```
{ x=y+z;
  a=b+c;
  printf("%d%d", x, a);
}
```

是一条复合语句。

复合语句内的各条语句都必须以分号“;”结尾，在右括号“}”外不能加分号。

5）空语句：只有分号“;”组成的语句称为空语句。空语句是什么也不执行的语句。在程序中空语句可用来作空循环体。

例如：

```
while(getchar( )!='\n')
;
```

本语句的功能是，只要从键盘输入的字符不是回车则重新输入。

这里的循环体为空语句。

## 3.2 赋值语句

赋值语句是由赋值表达式再加上分号构成的表达式语句。

其一般形式如下：

变量=表达式;

赋值语句的功能和特点都与赋值表达式相同。它是程序中使用最多的语句之一。

在赋值语句的使用中需要注意以下几点：

1）由于在赋值符“=”右边的表达式也可以又是一个赋值表达式，因此下述形式

**变量=(变量=表达式)；**

是成立的，从而形成嵌套的情形。其展开之后的一般形式如下：

**变量=变量=…=表达式；**

例如：

```
a=b=c=d=e=5;
```

按照赋值运算符的右接合性，实际上等效于：

```
e=5;
d=e;
c=d;
b=c;
a=b;
```

2）在变量说明中给变量赋初值和赋值语句的区别。

给变量赋初值是变量说明的一部分，赋初值后的变量与其后的其他同类变量之间仍必须用逗号间隔，而赋值语句则必须用分号结尾。

例如：

```
int a=5,b,c;
```

3）在变量说明中，不允许连续给多个变量赋初值。

如下述说明是错误的：

```
int a=b=c=5;
```

必须写为

```
int a=5,b=5,c=5;
```

而赋值语句允许连续赋值。

4）赋值表达式和赋值语句的区别。

赋值表达式是一种表达式，它可以出现在任何允许表达式出现的地方，而赋值语句则不能。

下述语句是合法的：

```
if((x=y+5)>0) z=x;
```

语句的功能是，若表达式 x=y+5 的值大于 0，则执行 z=x;语句。

下述语句是非法的：

```
if((x=y+5;)>0) z=x;
```

因为 x=y+5;是语句，不能出现在表达式中。

## 3.3 数据的输入与输出

1）输入/输出是以计算机为主体而言的。

2）本章介绍的是向标准输出设备显示器输出数据的语句。

3）在C语言中，所有的数据输入/输出都是由库函数完成的，因此都是函数语句。

4）在使用C语言库函数时，要用预编译命令#include 将有关“头文件”包括到源文件中。

使用标准输入/输出库函数时要用到“stdio.h”文件，因此源文件开头应有以下预编译命令：

```
#include< stdio.h >
```

或

```
#include "stdio.h"
```

stdio是standard input &output的意思。

## 3.4 字符数据的输入与输出

### 3.4.1 字符输出函数

putchar()函数是字符输出函数， 其功能是在显示器上输出单个字符。

它的一般形式如下：

putchar(c) ;

c可以是字符型或整型变量、常量和转义字符。

例如：

putchar('A'); （输出大写字母A）

putchar(x); （输出字符变量x的值）

putchar('\101'); （输出转义字符，也是输出字符A）

putchar('\n'); （换行）

【例3.1】字符输出函数的应用。

```
#include <stdio.h>
int main()
{   char a;
    int b;
    a='g';
    b=105;
    putchar(a);
    putchar(b);
    putchar(114);
    putchar('l');
    putchar ('\n');
    return 0;
}
```

运行结果：

```
girl
```

程序分析：

本程序主函数的函数体内的第1、2行定义了字符型变量a和整型变量b；第3、4行使得字符变量a的值是字符常量g，整型变量b的值是105，第5~9行用putchar()函数输出对应的字符。

### 3.4.2 字符输入函数

getchar()函数的功能是从键盘上输入一个字符。

它的一般形式如下：

getchar();

通常把输入的字符赋予一个字符变量，构成赋值语句，如：

char c;

c=getchar();

【例 3.2】字符输入函数的应用。

```
#include <stdio.h>
int main ()
{
  char c1,c2;
  c1=getchar();
  c2=getchar();
  putchar(c1);
  putchar(c2);
  return 0;
}
```

运行结果：

使用 getchar()函数应注意几个问题：

1）getchar()函数只能接受单个字符，输入数字也按字符处理。输入多于一个字符时，只接收第一个字符。

2）使用本函数前必须包含文件“stdio.h”。

3）程序最后两行可用下面两行的任意一行代替：

```
putchar(getchar());
printf("%c",getchar());
```

## 3.5 格式的输入与输出

### 3.5.1 格式输出函数

printf()函数称为格式输出函数，其关键字最末一个字母 f 即为“格式”(format)之意。其功能是按用户指定的格式，把指定的数据显示到显示器屏幕上。printf()函数是一个标准库函数，它的函数原型在头文件“stdio.h”中。

printf()函数调用的一般形式如下：

**printf(“格式控制字符串”，输出列表)**

其中格式控制字符串用于指定输出格式。格式控制串可由格式字符串和非格式字符串两种组成。格式字符串是以%开头的字符串，在%后面跟有各种格式字符，以说明输出数据的类型、形式、长度、小数位数等。非格式字符串在输出时原样照印，在显示中起提示作用。

输出列表中给出了各个输出项，要求格式字符串和各输出项在数量和类型上应该一一对应。

### 1. 整型数据格式符（d,o,x,u）

1）d 格式符：用来输出有符号的十进制整数。

下面介绍 d 格式符的几种用法：

① %d：按十进制整型数据的实际长度输出。

② %md：m为指定的输出字段的宽度。如果数据的位数小于m，则左端补以空格；若大于m，则按实际位数输出。

③ %ld：输出长整型数据。

2）o 格式符，以八进制无符号整数形式输出。

3）x 格式符，以十六进制无符号整数形式输出。

4）u 格式符，用来输出 unsigned 型数据。

### 2. 字符数据格式符

c 格式符：用来输出一个字符。

一个整数，只要它的值在 0~255 范围内，则可以用"%c"使之按字符形式输出，在输出前，系统会将该整数作为 ASCII 码转换成相应的字符；一个字符数据也可以用整数形式输出。

### 3. s 格式符：输出字符串

1）%s。例如：

```
printf("%s", "CHINA")
```

输出字符串"CHINA"（不包括双引号）。

2）%ms：输出的字符串占 m 列，若串长大于 m，则全部输出，若串长小于 m，则左补空格。

3）%-ms：若串长小于 m，则字符串向左靠，右补空格。

4）%m.ns：输出占 m 列，只取字符串中左端 n 个字符，输出在 m 列的右侧，左补空格。

5）%-m.ns：n 个字符输出在 m 列的左侧，右补空格，若 n>m，则 m 自动取 n 值。

### 4. 实型数据格式符（f,e）

1）f 格式符：用来以小数形式输出实数（包括单双精度）。

① %f：不指定字段宽度，由系统自动指定字段宽度，使整数部分全部输出，并输出 6 位小数。

② %m.nf：指定输出的数据共占m列，其中有 n 位小数。如果数据长度小于m，

则左端补空格。

③ %－m.nf 与% m.nf 基本相同，只是使输出的数值向左端靠，右端补空格。

【例 3.3】分析下面程序的运行结果。

```
#include <stdio.h>
int main()
{
    int a=88,b=89;
    printf("%d %d\n",a,b);
    printf("%d,%d\n",a,b);
    printf("%c %c\n",a,b);
    printf("a=%d,b=%d\n",a,b);
    return 0;
}
```

运行结果：

```
88 89
88,89
X,Y
a=88,b=89
```

程序分析：

本程序中，4 次输出了 a,b 的值，但由于格式控制串不同，输出的结果也不相同。第 1 个 printf 格式控制串中，两格式串%d 之间加了一个空格（非格式字符），所以输出的 a,b 值之间有一个空格。第 2 个 printf 格式控制串中加入的是非格式字符逗号，因此输出的 a,b 值之间加了一个逗号。第 3 个 printf 格式控制串中要求按字符型输出 a,b 值。第 4 个 printf 格式控制串中增加了 a=,b=非格式字符串。

【例 3.4】分析下面程序的运行结果

```
int main()
{
    int a=15;
    float b=123.1234567;
    char c='p';
    printf("a=%d,%5d\n",a,a);
    printf("b=%f,%.2f\n",b,b);
    printf("c=%c\n",c);
    return 0;
}
```

运行结果：

```
a=15,   15
b=123.123459,123.12
c=p
```

2）e 格式符：表示按指数形式输出实数。

① 格式：aen。e 表示 10 的 n 次方，即数学上的科学记数法。

② 例如：4.22e+005 表示 4.22105。

### 3.5.2 格式输入函数

scanf()函数称为格式输入函数，即按用户指定的格式从键盘上把数据输入到指定的变量之中。scanf()函数是一个标准库函数，它的函数原型在头文件“stdio.h”中，与printf()函数相同。

1）scanf 函数的一般形式：

**scanf（“格式控制字符串”，地址列表）;**

其中，格式控制字符串的作用与printf()函数相同，但不能显示非格式字符串，也就是不能显示提示字符串。地址列表中给出各变量的地址。地址是由地址运算符“&”后跟变量名组成的。

例如：

&a，&b

分别表示变量 a 和变量 b 的地址。

2）使用 scanf()函数还必须注意以下几点：

① scanf()函数中没有精度控制，如 scanf("%5.2f",&a);是非法的。不能企图用此语句输入小数为两位的实数。

② scanf()函数中要求给出变量地址，如果给出变量名，则会出错。例如，scanf("%d",a);是非法的，应改为 scanf("%d",&a);。

③ 在输入多个数值数据时，若格式控制串中没有非格式字符作输入数据之间的间隔、则可用空格、Tab 或回车作间隔。C 编译在遇到空格、Tab、回车或非法数据（如对“%d”输入“12A”时，A 即为非法数据）时即认为该数据结束。

④ 在输入字符数据时，若格式控制串中无非格式字符，则认为所有输入的字符均为有效字符。

例如：

```
scanf("%c%c%c",&a,&b,&c);
```

输入：

```
d  e  f
```

则把'd'赋予 a，' ' 赋予 b，'e'赋予 c。

只有当输入：

```
def
```

时，才能把'd'赋予 a，'e'赋予 b，'f'赋予 c。

如果在格式控制中加入空格作为间隔，

如：

```
scanf ("%c %c %c",&a,&b,&c);
```

则输入时各数据之间可加空格。

## 3.6 程序举例

【例 3.5】用温度计测量出用华氏度表示的温度（如 F，现要求把它转换为以摄氏度表示的温度（如 C）。

解题思路：这个问题的算法简单，关键点在于找到二者间的转换公式。根据物理学知识，得到以下转换公式：

$$c=\frac{5}{9}(f-32)$$

其中，f 代表华氏温度，c 代表摄氏温度。据此可以用 N-S 图表示算法。算法由 3 个步骤组成，如图 3-2 所示。这是一个简单的顺序结构。

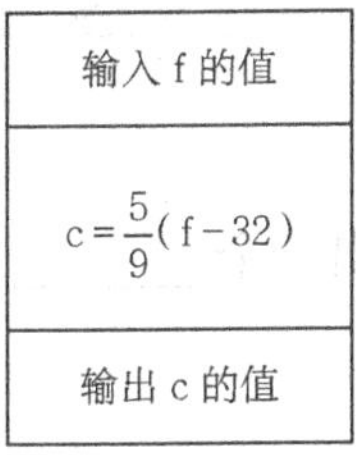


图 3-2

编程程序：

```
#include <stdio.h>
int main()
{
    float f,c;
    f=64.0;
    c=(5.0/9)*(f-32);
    printf("f=%.2f\nc=%.2f\n",f,c);
    return 0;
}
```

运行结果：

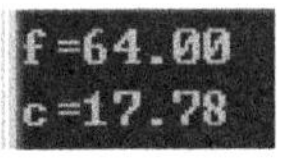


【例 3.6】从键盘输入一个大写字母，要求改用小写字母输出。

解题思路：本例很简单，可以看出是对字符数据输入和输出的处理及大小写字母的 ASCII 码值的关系。

编写程序：

```
#include <stdio.h>
int main()
{
    char c1,c2;
```

```
        c1=getchar();
        printf("%c,%d\n",c1,c1);
        c2=c1+32;
        printf("%c,%d\n",c2,c2);
        return 0;
    }
```

运行结果：

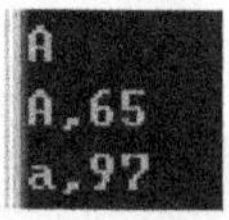


## 3.7 本章习题

### 一. 选择题

1. putchar()函数可以向终端输出一个__________。

   A. 整型变量表达式

   B. 实型变量值

   C. 字符串

   D. 字符或字符型变量值

2. printf()函数中用到格式符%5s，其中数字 5 表示输出的字符串占用 5 列。如果字符串长度大于 5，则输出按方式_______；如果字符串长度小于 5，则输出按方式_______。

   A. 从左起输出该字符串，右补空格

   B. 按原字符长从左向右全部输出

   C. 右对齐输出该字符串，左补空格

   D. 输出错误信息

3. 阅读以下程序，若输入数据的形式为 25，13，10<CR>（注：<CR>表示回车），则正确的输出结果为__________。

```
#include <stdio.h>
void main()
    {     int x,y,z;
          scanf("%d%d%d",&x,&y,&z);
          printf("x+y+z=%d\n",x+y+z);}
```

   A. x+y+z=48　　　　B. x+y+z=35

   C. x+z=35　　　　D. 不确定值

4. 根据下面的程序及数据的输入和输出形式，程序中输入语句的正确形式应该为________。

```
#include <stdio.h>
void main()
```

```
{      char ch1,ch2,ch3;
       输入语句
       printf("%c%c%c",ch1,ch2,ch3);    }
```

输入形式：A B C

输出形式：A B

A. scanf("%c%c%c",&ch1,&ch2,&ch3);

B. scanf("%c,%c,%c",&ch1,&ch2,&ch3);

C. scanf("%c %c %c",&ch1,&ch2,&ch3);

D. scanf("%c%c",&ch1,&ch2,&ch3);

5. 若变量已正确定义，则执行语句 scanf("%d%d%d ",&k1,&k2,&k3)；时，正确的输入是__________。

A. 2030,40　　　　B. 20 30 40

C. 20，30 40　　　　D. 20，30,40

6. 以下程序的输出结果是________（注：␣表示空格）。

```
#include <stdio.h>
void main()
{ printf("\n*s1=%15s*","chinabeijing");
  printf("\n*s2=%-5s*", "chi");}
```

A. *s1=chinabeijing␣␣␣*

B. *s1=chinabeijing␣␣␣*

*s2= * * chi *　　　　*s2=chi ␣␣␣*

C. *s1=*␣␣chinabeijing *

D. *s1=␣␣␣chinabeijing *

*s2=␣␣chi *　　　　*s2=chi␣␣*

7. 已有如下定义和输入语句，若要求 a1、a2、c1、c2 的值分别为 10、20、A 和 B，则正确的数据输入方式是________（注：<CR>表示回车）。

```
int a1,a2;   char c1,c2;
scanf("%d%d",&a1,&a2); scanf("%c%c",&c1,&c2);
```

A. 1020AB<CR>

B. 10␣20<CR> AB<CR>

C. 10␣␣20␣␣AB<CR>

D. 10␣20AB<CR>

8. 下列程序运行的结果是________。

```
#include <stdio.h>
void main()
{ int m=5,n=10;
   printf("%d,%d",m++,--n);
}
```

A. 5,9　　　　B. 6,9

C. 5,10　　　　　　　　　　　　　D. 6,10

## 二、编程题

1. 编写程序，读入一个字母，输出与之对应的 ASCII 码，输入/输出都要有相应的文字提示。

2. 编写程序，从键盘输入两个整数，分别计算出它们的商和余数，输出时，商数要求保留两位小数。

3. 编写程序，实现从键盘输入某位同学三门课程的成绩，计算出其总成绩和平均分，输出时结果要求保留两位小数。

# 第 4 章

# 选择结构程序设计

Chapter 04

从程序流程的角度来看，程序可以分为三种基本结构：顺序结构、分支结构和循环结构。这三种基本结构可以组成各种复杂程序。C 语言提供了专门语句来实现这三种基本结构。本章介绍 if 语句、switch 语句及其在分支结构中的应用。

## 4.1 关系运算符和表达式

在程序中经常需要比较两个量的大小，以决定程序下一步的工作。比较两个量的运算符称为关系运算符。

### 4.1.1 关系运算符及其优先级

C 语言提供了以下六个关系运算符：<（小于）、<=（小于或等于）、>（大于）、>=（大于或等于）、==（等于）、!=（不等于）。

说明：

1）关系运算符都是双目运算符，其结合性均为左结合。

2）关系运算符中，<、<=、>、>=的优先级相同，高于==和!=，==和!=的优先级相同。

3）关系运算符的优先级低于算术运算符，高于赋值运算符。

### 4.1.2 关系表达式

用关系运算符将两个表达式连接起来的式子称为关系表达式。关系表达式的一般形式如下：

**表达式 关系运算符 表达式**

说明：关系运算符两侧的表达式可以为常量、变量、算术表达式、赋值表达式等任意类型的表达式。

例如：

```
5<=4
x>3/2
a+b>c-d
```

'a'+1<c

-i-5*j==k+1

由于表达式也可以是关系表达式，因此允许出现嵌套的情况。

例如：

a>（b>c）

a!=（c==d）

### 4.1.3 关系表达式的值

关系表达式的值是“真”和“假”，用“1”和“0”表示。

例如：

5>0 的值为“真”，即为 1。

（a=3）>（b=5）运行程序，分析关系表达式的值。由于 3>5 不成立，故其值为假，即为 0。

【例 4.1】

```
#include<stdio.h>
int main(){
   char c='k';
   int i=1,j=2,k=3;
   float x=3e+5,y=0.85;
   printf("%d,%d\n",'a'+5<c,-i-2*j>=k+1);
   printf("%d,%d\n",1<j<5,x-5.25<=x+y);
   printf("%d,%d\n",i+j+k==-2*j,k==j==i+5);
   return 0;
 }
```

**说明**：在本例中求出了各种关系运算符的值。字符变量是以它对应的 ASCII 码参与运算的。对于含多个关系运算符的表达式，如 k==j==i+5，根据运算符的左结合性，先计算 k==j，该式不成立，其值为 0，再计算 0==i+5，也不成立，故表达式值为 0。

## 4.2 逻辑运算符和表达式

### 4.2.1 逻辑运算符及其优先级

C 语言中提供了以下 3 个逻辑运算符：&&（与运算）、||（或运算）、!（非运算）。

**说明**：

1）与运算符（&&）和或运算符（||）均为双目运算符，具有左结合性；非运算符（!）为单目运算符，具有右结合性。

2）逻辑运算符中，非运算符（!）高于与运算符（&&），与运算符（&&）高于或运算符（||）。

3）逻辑运算符和其他运算符的优先级关系如图 4-1 所示。

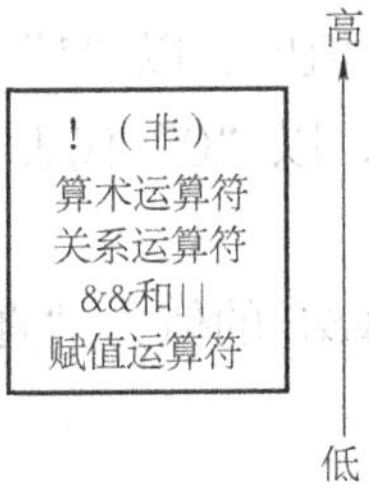


图 4-1

## 4.2.2 逻辑表达式

用逻辑运算符将关系表达式或逻辑量连接起来的式子就是逻辑表达式。逻辑表达式的一般形式如下：

**表达式　逻辑运算符　表达式**

例如：

```
a>b && c>d      等价于    (a>b)&&(c>d)
!b==c||d<a      等价于    ((!b)==c)||(d<a)
a+b>c&&x+y<b    等价于    ((a+b)>c)&&((x+y)<b)
```

其中的表达式可以又是逻辑表达式，从而组成了嵌套的情形。

例如：

(a&&b）&&c

根据逻辑运算符的左结合性，上式也可写为

a&&b&&c

逻辑表达式的值是式中各种逻辑运算的最后值，以“1”和“0”分别代表“真”和“假”。

## 4.2.3 逻辑运算的值

逻辑运算的值也为“真”和“假”两种，用“1”和“0”来表示。其求值规则如下：

1）与运算（&&）：参与运算的两个量都为真时，结果才为真，否则为假。

例如：

5>0 && 4>2

由于 5>0 为真，4>2 也为真，相与的结果也为真。

2）或运算（||）：参与运算的两个量只要有一个为真，结果就为真。两个量都为假时，结果为假。

例如：

5>0||5>8

由于 5>0 为真，相或的结果也就为真。

3）非运算（!）：参与运算的量为真时，结果为假；参与运算的量为假时，结果为真。

例如：

!(5>0)

的结果为假。

4）虽然C编译器在给出逻辑运算值时，以“1”代表“真”，“0”代表“假”，但在判断一个量是为“真”还是为“假”时，以“0”代表“假”，以非“0”的数值作为“真”。

例如：

由于5和3均为非“0”，因此5&&3的值为“真”，即为1。

又如：

5||0的值为“真”，即为1。

5）在逻辑表达式的求解中，并不是所有的逻辑运算符都要被执行。

① a&&b&&c只要a为假，就不必判断b和c的值。

② a||b||c只要a为真，就不必判断b和c的值。

例如，(m=a>b)&&(n=c>d)，当a=1，b=2，c=3，d=4，m和n的原值为1时，由于“a>b”的值为0，因此m=0，而“n=c>d”不被执行，因此n的值不是0，而是保持原值1。

**【例4.2】**运行程序，分析逻辑表达式的值。

```
#include<stdio.h>
int main(){
    char c='k';
    int i=1,j=2,k=3;
    float x=3e+5,y=0.85;
    printf("%d,%d\n",!x*!y,!!!x);
    printf("%d,%d\n",x||i&&j-3,i<j&&x<y);
    printf("%d,%d\n",i==5&&c&&(j=8),x+y||i+j+k);
    return 0;
}
```

**说明**：本例中!x和!y分别为0，!x*!y也为0，故其输出值为0。由于x为非0，故!!!x的逻辑值为0。对x|| i && j-3，先计算j-3的值为非0，再求i && j-3的逻辑值为1，故x||i&&j-3的逻辑值为1。对i<j&&x<y，由于i<j的值为1，而x<y为0，因此表达式的值为1，0相与，最后为0。对i==5&&c&&(j=8)，由于i==5为假，即值为0，该表达式由两个与运算组成，因此整个表达式的值为0。对于式x+y||i+j+k，由于x+y的值为非0，因此整个或表达式的值为1。

## 4.3 if语句

用if语句可以构成分支结构。它根据给定的条件进行判断，以决定执行某个分支程序段。C语言的if语句有三种基本形式。

### 4.3.1 if语句三种形式

#### 1. 第一种形式为基本形式

**if（表达式）语句**

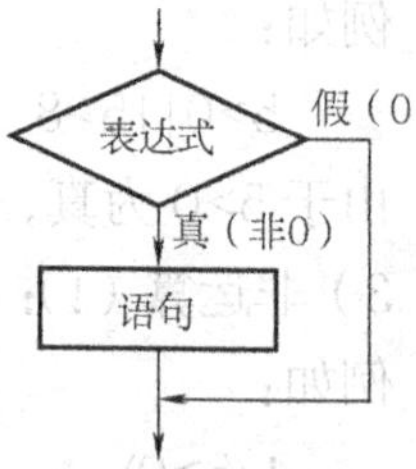


图 4-2

其语义是：如果表达式的值为真，则执行其后的语句，否则不执行该语句。其过程如图 4-2 所示。

**【例 4.3】**用 if 语句实现求两个数中较大的数。

```
#include<stdio.h>
int main(){
    int a,b,max;
    printf("\n input two numbers:    ");
    scanf("%d%d",&a,&b);
    max=a;
    if (max<b) max=b;
    printf("max=%d",max);
    return 0;
}
```

**说明：**本例程序中，输入两个数 a,b。先把 a 赋予变量 max，再用 if 语句比较 max 和 b 的大小，如 max 小于 b，则把 b 赋予 max。因此 max 中总是大数，最后输出 max 的值。

### 2. 第二种形式为 if-else

**if（表达式）**

**语句 1;**

**else**

**语句 2;**

其语义是：如果表达式的值为真，则执行语句 1，否则执行语句 2。其执行过程如图 4-3 所示。

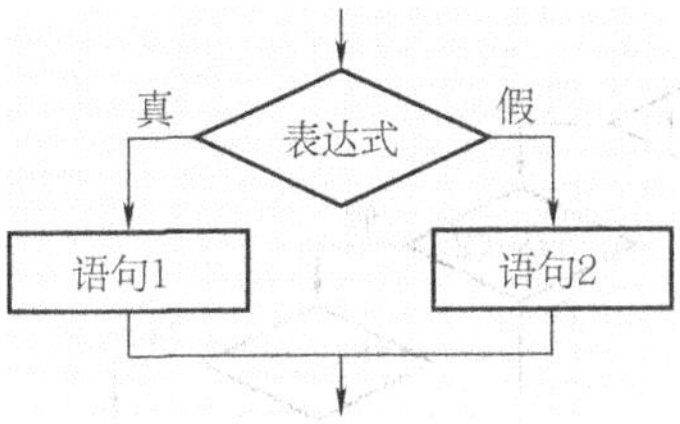


图 4-3

**【例 4.4】**用 if-else 语句实现求两个数中较大的数。

```
#include<stdio.h>
int main()
{
    int a, b;
    printf("input two numbers:      ");
    scanf("%d%d",&a,&b);
    if(a>b)
      printf("max=%d\n",a);
    else
      printf("max=%d\n",b);
    return 0;
}
```

**说明**：本例程序中，输入两个整数，输出其中的大数。改用 if-else 语句判断 a，b 的大小，若 a 大，则输出 a，否则输出 b。

### 3. 第三种形式为 if-else-if 形式

前两种形式的 if 语句一般都用于两个分支的情况。当有多个分支选择时，可采用 if-else-if 语句，其一般形式如下：

```
if(表达式 1)
    语句 1;
else  if(表达式 2)
    语句 2;
else  if(表达式 3)
    语句 3;
    …
else  if(表达式 m)
    语句 m;
else
    语句 n;
```

其语义是：依次判断表达式的值，当出现某个值为真时，则执行其对应的语句，整个 if 语句结束，然后跳到整个 if 语句之外继续执行程序。如果所有的表达式均为假，则执行最后一行语句 n，整个 if 语句结束，然后继续执行后续程序。if-else-if 语句的执行过程如图 4-4 所示。

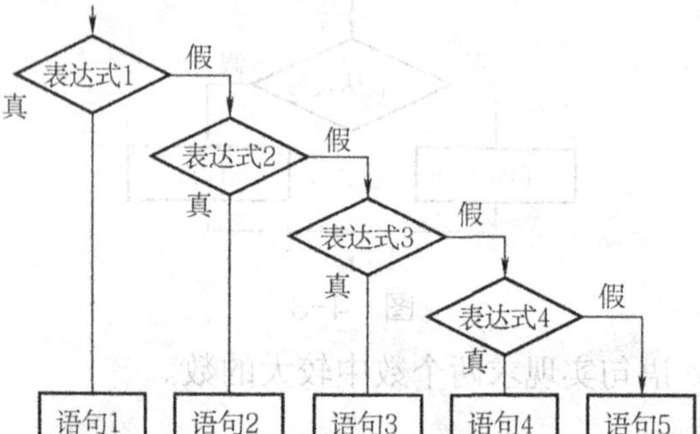


图 4-4

【例 4.5】用 if-else-if 语句实现字符类别的判断。

```
#include <stdio.h>
int main(){
    char c;
    printf("input a character:      ");
    c=getchar();
    if(c<32)
      printf("This is a control character\n");
```

```
    else if(c>='0'&&c<='9')
      printf("This is a digit\n");
    else if(c>='A'&&c<='Z')
      printf("This is a capital letter\n");
    else if(c>='a'&&c<='z')
      printf("This is a small letter\n");
    else
      printf("This is an other character\n");
}
```

**说明：**本例要求判别键盘输入字符的类别。可以根据输入字符的 ASCII 码来判别类型。由 ASCII 码表可知，ASCII 值小于 32 的为控制字符，在“0”和“9”之间的为数字，在“A”和“Z”之间的为大写字母，在“a”和“z”之间的为小写字母，其余则为其他字符。这是一个多分支选择的问题，用 if-else-if 语句编程，判断输入字符 ASCII 码所在的范围，分别给出不同的输出。例如，输入为“g”，则输出显示它为小写字符。

#### 4. 使用 if 语句的注意事项

1）在 if 语句中，条件判断表达式必须用括号括起来，在语句之后必须加分号。

2）在 3 种形式的 if 语句中，在 if 关键字之后均为表达式，该表达式通常是逻辑表达式或关系表达式，也可以是其他表达式，如赋值表达式等，甚至也可以是一个变量。

例如：

```
if（a=5）语句；
if（b）语句；
```

都是允许的。只要表达式的值为非 0，即为“真”。

3）在 3 种形式的 if 语句的中，所有的语句应为单个语句，如果要想在满足条件时执行一组（多个）语句，则必须把这一组语句用{}括起来组成一个复合语句。要注意的是，在}之后不能再加分号。

例如：

```
if(a>b)
  {a++;
  b++;}
else
  {a=0;
  b=10;}
```

### 4.3.2 if 语句嵌套

当 if 语句中的执行语句又是 if 语句时，则构成了 if 语句嵌套的情形。

其一般形式可表示如下：

```
if（表达式）
if 语句；
```

或者为

```
if(表达式)
  if 语句;
else
  if 语句;
```

在嵌套内的 if 语句可能又是 if-else 型的，这将会出现多个 if 和多个 else 重叠的情况，这时要特别注意 if 和 else 的配对问题。

例如：

```
if(表达式 1)
if(表达式 2)
     语句 1;
else
语句 2;
```

其中的 else 究竟是与哪一个 if 配对呢？

是应该理解为

```
if(表达式 1)
    if(表达式 2)
        语句 1;
  else
        语句 2;
```

还是应理解为

```
if(表达式 1)
    if(表达式 2)
         语句 1;
else
     语句 2;
```

为了避免这种二义性，C 语言规定，else 总是与它前面最近的 if 配对，因此对上述例子应按前一种情况理解。

【例 4.6】比较两个数的大小关系。

```
#include <stdio.h>
int main(){
    int a,b;
    printf("please input A,B:    ");
    scanf("%d%d",&a,&b);
    if(a!=b)
        if(a>b) printf("A>B\n");
        else    printf("A<B\n");
    else
    printf("A=B\n");
    return 0;
```

```
}
```

本例中用了 if 语句的嵌套结构。采用嵌套结构实质上是为了进行多分支选择，实际上有 3 种选择，即 A>B、A<B 或 A=B。这种问题用 if-else-if 语句也可以完成，而且程序更加清晰。因此，在一般情况下很少使用 if 语句的嵌套结构，以便程序更便于阅读理解。

**【例 4.7】**比较两个数的大小。

```
#include <stdio.h>
int main(){
    int a,b;
    printf("please input A,B:          ");
    scanf("%d%d",&a,&b);
    if(a==b) printf("A=B\n");
    else if(a>b)  printf("A>B\n");
    else  printf("A<B\n");
    return 0;
}
```

## 4.3.3 条件运算符和条件表达式

如果在条件语句中，只执行单个的赋值语句，则可使用条件表达式来实现。这样不但程序简洁，也提高了运行效率。

条件运算符为？和:，它是一个三目运算符，即有 3 个参与运算的量。

由条件运算符组成条件表达式的一般形式为

**表达式 1?　表达式 2：表达式 3**

其求值规则如下：如果表达式 1 的值为真，则以表达式 2 的值作为条件表达式的值，否则以表达式 3 的值作为整个条件表达式的值。

例如：条件语句：

```
if(a>b)
    max=a;
else
    max=b;
```

可用条件表达式写为

```
max=(a>b) ? a:b;
```

使用条件表达式时，还应注意以下几点：

1）条件运算符？和：是一对运算符，不能分开单独使用。

2）条件运算符的运算优先级低于关系运算符和算术运算符，但高于赋值符。

因此

```
max=(a>b)? a:b
```

可以去掉括号而写为

```
max=a>b? a:b
```

3）条件运算符的结合方向是自右至左。

例如：

a>b? a:c>d? c:d

应理解为

a>b? a: (c>d? c:d)

这也就是条件表达式嵌套的情形，即其中的表达式 3 又是一个条件表达式。

4）条件表达式通常用于赋值语句之中。

【例 4.8】条件表达式的应用。

```
#include <stdio.h>
int main(){
    int a,b,max;
    printf("\n input two numbers:     ");
    scanf("%d%d",&a,&b);
    printf("max=%d",a>b?a:b);
    return 0;
}
```

**说明**：用条件表达式进行的编程，输出两个数中的大数。

## 4.4 switch 语句

C 语言还提供了另一种用于多分支选择的 switch 语句，其一般形式如下：

```
switch(表达式){
    case 常量表达式 1:  语句 1;
    case 常量表达式 2:  语句 2;
    …
    case 常量表达式 n:  语句 n;
    default          :  语句 n+1;
    }
```

其语义是：计算表达式的值，并逐个与其后的常量表达式值相比较，当表达式的值与某个常量表达式的值相等时，即执行其后的语句，然后不再进行判断，继续执行后面所有 case 后的语句。若表达式的值与所有 case 后的常量表达式均不相同，则执行 default 后的语句。

【例 4.9】switch 语句的应用。

```
#include <stdio.h>
int main()
{
    int a;
    printf("input integer number:          ");
    scanf("%d",&a);
    switch (a){
```

```
    case 1:printf("Monday\n");
    case 2:printf("Tuesday\n");
    case 3:printf("Wednesday\n");
    case 4:printf("Thursday\n");
    case 5:printf("Friday\n");
    case 6:printf("Saturday\n");
    case 7:printf("Sunday\n");
    default:printf("error\n");
    }
    return 0;
}
```

**说明：**本程序是要求输入一个数字，输出一个英文单词。当输入 3 之后，却执行了 case3 以及以后的所有语句，输出了 Wednesday 及以后的所有单词。这当然是不希望的。为什么会出现这种情况呢？这恰恰反映了 switch 语句的一个特点。在 switch 语句中，"case 常量表达式"只相当于一个语句标号，表达式的值和某标号相等，则转向该标号执行，但不能在执行完该标号的语句后自动跳出整个 switch 语句，所以出现了继续执行所有后面 case 语句的情况。这是与前面介绍的 if 语句完全不同，应特别注意。为了避免上述情况，C 语言还提供了一种 break 语句，专用于跳出 switch 语句，break 语句只有关键字 break，没有参数。修改例题的程序，在每一 case 语句之后增加 break 语句，使每一次执行之后均可跳出 switch 语句，从而避免输出不应有的结果。

【例 4.10】break 语句的应用。

```
#include <stdio.h>
int main(){
    int a;
    printf("input integer number:    ");
    scanf("%d",&a);
    switch (a){
      case 1:printf("Monday\n");break;
      case 2:printf("Tuesday\n"); break;
      case 3:printf("Wednesday\n");break;
      case 4:printf("Thursday\n");break;
      case 5:printf("Friday\n");break;
      case 6:printf("Saturday\n");break;
      case 7:printf("Sunday\n");break;
      default:printf("error\n");
      }
return 0;
}
```

在使用 switch 语句时，还应注意以下几点：

1）在 case 后的各常量表达式的值不能相同，否则会出现错误。

2）在 case 后，允许有多个语句，可以不用{}括起来。

3）各 case 和 default 子句的先后顺序可以变动，不会影响程序执行结果。

4）default 子句可以省略不用。

## 4.5 程序举例

【例 4.11】输入三个整数，输出最大数和最小数。

```
#include <stdio.h>
int main(){
    int a,b,c,max,min;
    printf("input three numbers:      ");
    scanf("%d%d%d",&a,&b,&c);
    if(a>b)
      {max=a;min=b;}
    else
      {max=b;min=a;}
    if(max<c)
      max=c;
    else
      if(min>c)
          min=c;
    printf("max=%d\nmin=%d",max,min);
    return 0;
}
```

**说明**：本程序中，首先比较输入的 a，b 的大小，并把大数装入 max，小数装入 min 中，然后再与 c 比较，若 max 小于 c，则把 c 赋予 max；如果 c 小于 min，则把 c 赋予 min。因此，max 内总是最大数，而 min 内总是最小数。最后输出 max 和 min 的值即可。

【例 4.12】计算器程序。用户输入运算数和四则运算符，输出计算结果。

```
#include <stdio.h>
int main()
{
    float a,b;
    char c;
    printf("input expression: a+(-,*,/)b \n");
    scanf("%f%c%f",&a,&c,&b);
    switch(c){
        case '+': printf("%.2f\n",a+b);break;
        case '-': printf("%.2f\n",a-b);break;
        case '*': printf("%.2f\n",a*b);break;
        case '/': printf("%.2f\n",a/b);break;
        default: printf("input error\n");
    }
    return 0;
}
```

**说明**：本例可用于四则运算求值。switch 语句用于判断运算符，然后输出运算值。当输入运算符不是+、-、*、/时给出错误提示。

## 4.6 本章习题

### 一、选择题

1. 逻辑运算符两侧运算对象的数据类型________。

   A. 只能是 0 和 1　　B. 只能是 0 或非 0 正数

   C. 只能是整型或字符型数据　　D. 可以是任何类型的数据

2. 判断 char 型变量 ch 是否为大写字母的正确表达式是________。

   A. 'A'<=ch<='Z'　　B. (ch>='A') & (ch<='Z')

   C. (ch>='A') && (ch<='Z')　　D. ('A'<=ch) AND ('Z'>=ch)

3. 若希望当 A 的值为奇数时，表达式的值为“真”；当 A 的值为偶数时，表达式的值为“假”，则以下不能满足要求的表达式是________。

   A. A%2==1　　B. !(A%2==0)　　C. !(A%2)　　D. A%2

4. 设有：int a=1，b=2，c=3，d=4，m=2，n=2;执行(m=a>b)&&(n=c>d)后 n 的值为________。

   A. 1　　B. 2　　C. 3　　D. 4

5. 以下程序的运行结果是________。

```
#include<stdio.h>
void main()
 {     int a,b,d=241;
       a=d/100%9;
       b=(-1)&&(-1);
       printf("%d,%d",a,b);
 }
```

   A. 6，1　　B. 2，1　　C. 6，0　　D. 2，0

6. 已知 int x=10，y=20，z=30；以下语句执行后 x，y，z 的值是________。

```
if(x>y) z=x; x=y; y=z;
```

   A. x=10，y=20，z=30　　B. x=20，y=30，z=30

   C. x=20，y=30，z=10　　D. x=20，y=30，z=20

7. 以下程序的运行结果是________。

```
#include<stdio.h>
void main()
{     int m=5;
      if(m++>5)
          printf("%d\n",m);
      else;
          printf("%d\n",m--);
}
```

   A. 4　　B. 5　　C. 6　　D. 7

8. 若运行时给变量 x 输入 12，则以下程序的运行结果是________。

```
#include<stdio.h>
void main()
{     int x,y;
      scanf("%d",&x);
      y=x>12 ? x+10 : x-12;
      printf("%d\n",y);
}
```

A. 3　　B. 2　　C. 1　　D. 0

9. 以下程序的输出结果是________。

```
#include<stdio.h>
void main()
{ int x=5;
 if (x>5)
   printf("x>5") ;
else if (x<6)
printf("x<6") ;
else if (x==5)
printf("x=5") ;
}
```

A. x<6　　B. x>5　　C. x=5　　D. x<6 x=5

10. 设 intx=0，y=1；则表达式(!x&&y--)的值是________。

A. 0　　B. 1　　C. 2　　D. -1

## 二、填空题

1. 若 a=(4>3) ? 1:(3<2) ? 6:4，则 a 的值为________。
2. 条件“2<x<3 或者 x<-10”的 C 语言表达式是________。
3. 表达式 !!5 的值是________。
4. 下列程序的运行结果是________。

```
#include<stdio.h>
void main()
 { int x=1, y=0,a=0,b=0;
   switch(x)
     {case 1:
        switch(y)
          {case 0:a++;break;
           case 1:b++;break;
           }
       case 2:
         a++; b++; break;
      }
```

```
        printf("a=%d,b=%d",a,b);
    }
```

5. 下列程序的输出结果是________。

```
#include<stdio.h>
void main()
{   int a=0,b=2,k=4;
    if (!a)  k-=1;
    if(b)  k-=2;
    if(k)  k-=3;
    printf("%d\n",k);
}
```

6. 若运行下列程序时输入的三个数分别为 2、1、3，则输出结果是________。

```
#include<stdio.h>
void main()
{ int a,b,c,x;
  scanf("%d%d%d",&a,&b,&c);
  if (a>b)
  { x=a; a=b; b=x; }
  if(a>c)
  { x=a; a=c; c=x; }
  if (b>c)
  { x=b; b=c; c=x; }
  printf("%d %d %d\n",a,b,c);
}
```

7. 请阅读下列程序：

```
#include<stdio.h>
void main()
{int s,t,a,b;
scanf("%d,%d",&a,&b);
s=1;
t=1;
if (a>0) s=s+1;
if (a>b) t=s+t;
else t=2*s;
printf("s=%d,t=%d",s,t);
}
```

为了使输出结果 t=4，则输入量 a 和 b 应满足的条件是________。

8. 下列程序段的结果为________。

```
int x=1,y=0;
switch(x)
{case 1:  switch(y)
```

```
            {case 0: printf("**1**\n");break;
             case 1: printf("**2**\n");break;
             }
    case 2: printf("**3**\n" ) ;
}
```

9. 阅读下列程序：

```
#include<stdio.h>
void main()
{  int s,t,a,b;
   scanf("%d,%d",&a,&b);
   s=1;t=1;
   if(a>0)s=s+1;
   if(a>b)t=s+t;
   else if(a==b)t=5;
        else t=2*s;
   printf("s=%d,t=%d",s,t);
}
```

为了使输出结果 t = 4，输入量 a 和 b 应满足的条件是________。

10. 下列程序段的结果为________。

```
#include<stdio.h>
void main()
{int x,y=1,z;
if(y!=0) x=5;
printf("\t%d",x) ;
if(y==0) x=4;
else x=5;
printf("\t%d\n",x) ;
x=1;
if(y<0)
    if(y>0) x=4;
    else x=5;
printf("\t%d\n",x);
}
```

**三、编程题**

1. 从键盘输入一个字符，判断它是大写字母、小写字母、数字字符，还是其他字符。

2. 某幼儿园接收 2～6 岁的孩子入托，2～3 岁入小班，4 岁入中班，5～6 岁入大班。以下程序段将根据输入的年龄，打印出应该进入哪个班。

3. 输入年、月，计算该月有多少天。

4. 输入三角形三边的长度，判断能否构成三角形。

# 第 5 章

# 循环结构程序设计

Chapter 05

从程序流程的角度来看，程序可以分为三种基本结构：顺序结构、分支结构和循环结构。这三种基本结构可以组成各种复杂程序。C 语言提供了专门语句来实现这三种基本结构。本章介绍 while 语句、do-while 语句、for 语句及其在循环结构中的应用。

## 5.1 循环结构的概念

循环结构是程序中一种很重要的结构。其特点是，在给定条件成立时，反复执行某程序段，直到条件不成立为止。给定的条件称为循环条件，反复执行的程序段称为循环体。C 语言提供了多种循环语句，可以组成各种不同形式的循环结构，如 while 语句、do-while 语句和 for 语句。

## 5.2 while 语句

while 语句的一般形式如下：

```
while(表达式)语句
```

其中，表达式是循环条件，语句为循环体。

while 语句的语义是：计算表达式的值，当值为真（非 0）时，执行循环体语句。其执行过程如图 5-1 所示。

【例 5.1】用 while 语句求 1～100 的自然数之和。

用传统流程图和 N-S 结构流程图表示算法，如图 5-2 所示。

```
#include<stdio.h>
int main()
{
    int i,sum=0;
    i=1;
    while(i<=100)
    {
```

```
        sum=sum+i;
        i++;
    }
    printf("%d\n",sum);
    return 0;
}
```

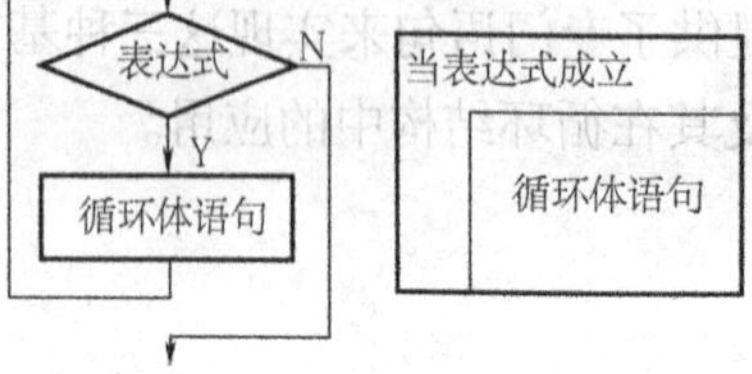


图 5-1

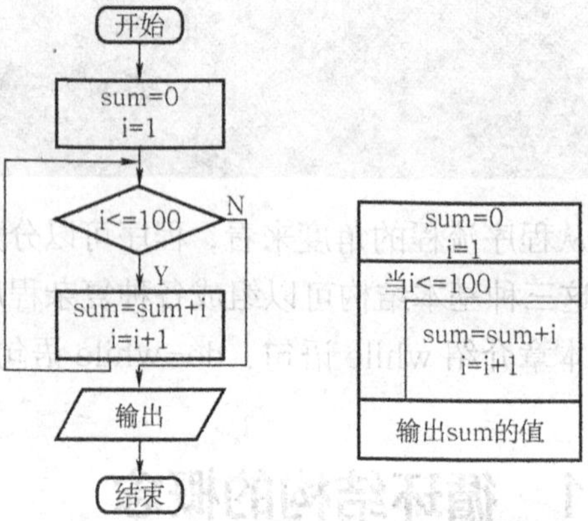


a） b）

图 5-2

使用 while 语句应注意以下几点：

1）while 语句中的表达式一般是关系表达或逻辑表达式，只要表达式的值为真（非 0）就可继续循环。

2）循环体如包括一个以上的语句，则必须用{}括起来，组成复合语句。

## 5.3 do-while 语句

do-while 语句的一般形式如下：

```
do
    语句
while(表达式);
```

这个循环与 while 循环的不同之处在于：它先执行循环体语句，然后再判断表达式是否为真，如果为真，则继续循环；如果为假，则终止循环。因此，do-while 循环至少要执行一次循环语句。其执行过程如图 5-3 所示。

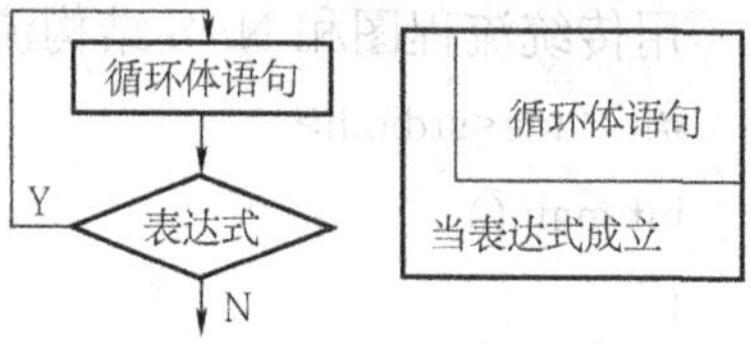


图 5-3

【例 5.2】用 while 语句求 1～100 的自然数之和，用 do-while 语句实现。

用传统流程图和 N-S 结构流程图表示算法，如图 5-4 所示。

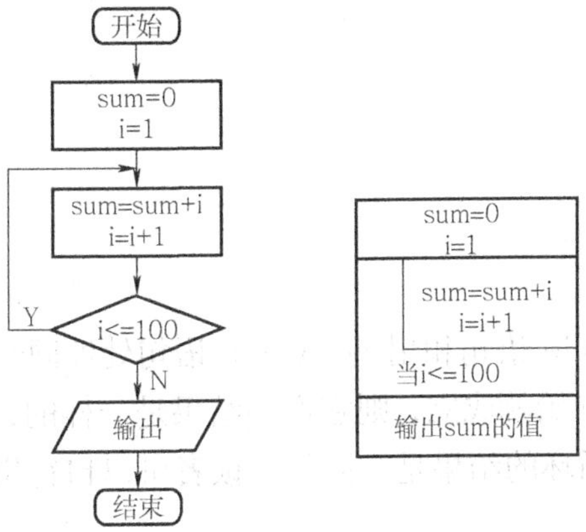


a） b）

图 5-4

```
#include<stdio.h>
int main()
{
    int i,sum=0;
    i=1;
    do
    {
        sum=sum+i;
        i++;
    }
    while(i<=100)
    printf("%d\n",sum);
    return 0;
}
```

**【例 5.3】** while 循环和 do-while 循环的比较。

（1）main()

```
{int sum=0,i;
 scanf("%d",&i);
 while(i<=10)
    {sum=sum+i;
    i++;
    }
printf("sum=%d",sum);
}
```

（2）main()

```
{int sum=0,i;
 scanf("%d",&i);
 do
```

```
    {sum=sum+i;
     i++;
    }
  while(i<=10);
  printf("sum=%d",sum);
  }
```

**说明：**在本例中用 while 语句和用 do-while 语句处理同一问题，且二者的循环体部分一样，若条件表达式一开始就成立，则它们的结果是一样的，但表达式一开始就不成立（值为 0）时，所以两种循环的结果是不同的。读者可以自行用不同的数据进行测试，分析结果。

## 5.4 for 语句

在 C 语言中，for 语句的使用最为灵活，它完全可以取代 while 语句。它的一般形式如下：

**for(表达式 1；表达式 2；表达式 3)语句**

它的执行过程如下：

1）求解表达式 1。

2）求解表达式 2，若其值为真（非 0），则执行 for 语句中指定的内嵌语句，然后执行步骤 3)；若其值为假（0），则结束循环，转到步骤 5)。

3）求解表达式 3。

4）转回步骤 2）继续执行。

5）循环结束，执行 for 语句下面的一个语句。

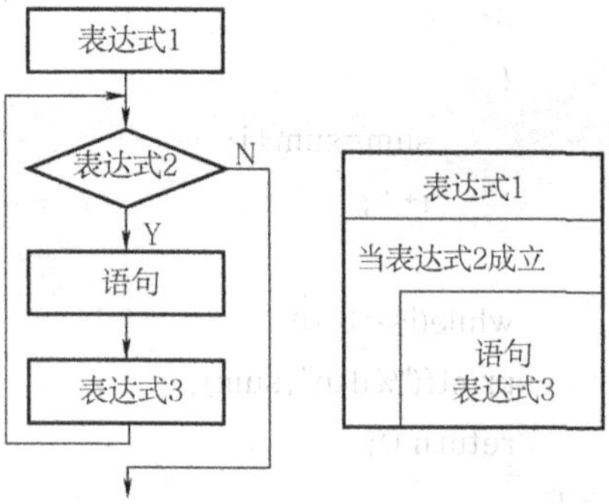

图 5-5

for 语句的执行过程如图 5-5 所示。

for 语句最简单的应用形式如下：

**for(循环变量赋初值；循环条件；循环变量增量)语句**

循环变量赋初值总是一个赋值语句，它用来给循环控制变量赋初值；循环条件是一个关系表达式，它决定什么时候退出循环；循环变量增量定义循环控制变量每循环一次后按什么方式变化。这 3 个部分之间用“;”分开。

例如：

```
for(i=1; i<=100; i++)sum=sum+i;
```

先给 i 赋初值 1，判断 i 是否小于等于 100，若是则执行语句，之后值增加 1。再重新判断，直到条件为假，即 i>100 时，结束循环。

相当于：

```
i=1;
while ( i<=100 )
{    sum=sum+i;
```

```
    i++;
}
```

for 循环中语句的一般形式就是如下的 while 循环形式：

```
表达式1;
while (表达式2)
{   语句
    表达式3;
}
```

注意：

1）for 循环中的“表达式 1（循环变量赋初值）”“表达式 2（循环条件）”和“表达式 3（循环变量增量）”都是选择项，即可以省略，但“;”不能省略。

2）省略了“表达式 1（循环变量赋初值）”，表示不对循环控制变量赋初值。

3）省略了“表达式 2（循环条件）”，则不做其他处理时便成为死循环。

例如：

```
for(i=1;;i++)sum=sum+i;
```

相当于：

```
i=1;
while(1)
    {sum=sum+i;
     i++;}
```

4）省略了“表达式 3（循环变量增量）”，则不对循环控制变量进行操作，这时可在语句体中加入修改循环控制变量的语句。

例如：

```
for(i=1;i<=100;)
{sum=sum+i;
    i++;}
```

5）省略了“表达式 1（循环变量赋初值）”和“表达式 3（循环变量增量）”。

例如：

```
for(;i<=100;)
{sum=sum+i;
  i++;}
```

相当于：

```
while(i<=100)
    {sum=sum+i;
     i++;}
```

6）3 个表达式都可以省略。

例如：

```
for(;; )语句
```

相当于：

```
while(1)语句
```

7）表达式 1 可以是设置循环变量的初值的赋值表达式，也可以是其他表达式。

例如：

```
for(sum=0;i<=100;i++)sum=sum+i;
```

8）表达式 1 和表达式 3 可以是一个简单表达式，也可以是逗号表达式。

```
for(sum=0,i=1;i<=100;i++)sum=sum+i;
```

或：

```
for(i=0,j=100;i<=100;i++,j--)k=i+j;
```

9）表达式 2 一般是关系表达式或逻辑表达式，也可以是数值表达式或字符表达式，只要其值非零，就执行循环体。

例如：

```
for(i=0;(c=getchar())!='\n';i+=c);
```

又如：

```
for(;(c=getchar())!='\n';)
    printf("%c",c);
```

## 5.5 三种循环的比较

1）while 循环和 do-while 循环，循环体中应包括使循环趋于结束的语句。

2）用 while 循环和 do-while 循环时，循环变量初始化的操作应在 while 和 do-while 语句之前完成，而 for 语句可以在表达式 1 中实现循环变量的初始化。

3）for 语句功能最强。

## 5.6 循环嵌套

一个循环体内又包含另一个完整的循环结构称为循环的嵌套。内嵌的循环中还可以嵌套循环，这就是多层循环。三种循环（while 循环、do-while 循环和 for 循环）可以互相嵌套。

【例 5.4】编写程序打印数字金字塔。

```
    1
   121
  12321
 1234321
123454321
```

编写程序：

```
#include <stdio.h>
int main()
{   int i,j,k,m;
    for(i=1;i<=5;i++)
    {   for(j=1;j<=5-i;j++)
             printf(" ");
        for(k=1;k<=i;k++)
             printf("%d",k);
        for(m=i-1;m>=1;m--)
             printf("%d",m);
        printf("\n");
    }
    return 0;
}
```

运行结果：

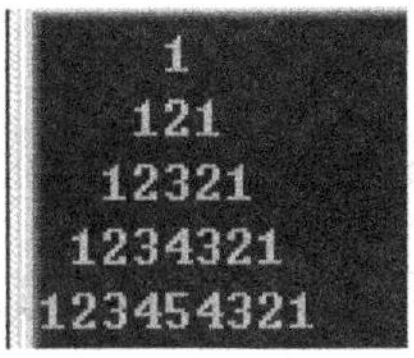
1
121
12321
1234321
123454321

程序分析：

本程序中应用双层嵌套 for 循环实现平面图形输出。其中，外层 for 循环用来控制打印金字塔的级数（即行数），内层 for 循环用来控制某行上输出的字符。内层包括 3 个 for 循环语句，第一个 for 循环打印前面的缩进（即空格），第二个 for 循环打印前面的递增数字如 n，n+1 等，第三个打印递减数字如 n，n-1。

## 5.7 break 和 continue 语句

### 5.7.1 break 语句

break 语句通常用在循环语句和 switch 语句中。当 break 语句用于 switch 语句时，可使程序跳出 switch 而执行 switch 以后的语句；如果没有 break 语句，则将成为一个死循环而无法退出。break 在 switch 中的用法前面已经介绍过，这里不再举例。

当 break 语句用于 do-while 循环、for 循环、while 循环语句中时，可使程序终止循环而执行循环后面的语句，通常 break 语句总是与 if 语句连在一起，即满足条件时便跳出循环。

### 5.7.2 continue 语句

continue 语句的作用是跳过循环体中剩余的语句而强行执行下一次循环。continue 语句只用在 for、while、do-while 等循环体中，常与 if 条件语句一起使用，用来加速循环。

【例 5.5】break 语句和 continue 语句的应用。

```
#include <stdio.h>
int main(){
  int a,b;
  for(a=1,b=1;a<=100;a++)
  {
     if(b>=10) break;
     if(b%3==1){ b+=3; continue; }
  }
  printf("a=%d\n",a);
  return 0;}
```

运行结果：

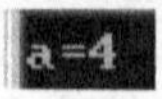


## 5.8 程序举例

【例 5.6】求 Fibonacci 数列前 40 个数。这个数列有如下特点：第 1，2 两个数为 1，1。从第 3 个数开始，该数是其前面两个数之和。

解题思路：设 f1，f2 为当前的 Fibonacci 数列中的两项，则后面的两项分别为：f1+f2 和 f1+f2+f2，可以在循环体内先输出上一次的 f1，f2，然后计算 Fibonacci 数列后面的两项，为了节省变量、提高效率，可以写成下面的语句：

```
f1=f1+f2;
f2=f2+f1;
```

这样一次求出后面两个 Fibonacci 数，如 f1，f2 这样，只需要循环体执行 20 次就可以了。其 N-S 流程图如图 5-6 所示。

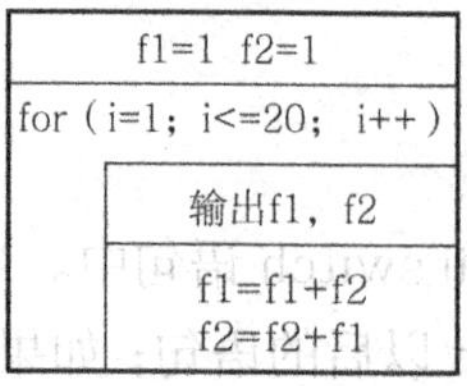


图 5-6

编写程序：

```
#include <stdio.h>
int main(){
  long int f1,f2;
  int i;
  f1=1;f2=1;
  for(i=1; i<=20; i++)
```

```
    {   printf("%12ld %12ld ",f1,f2);
        if(i%2==0)
           printf("\n");
        f1=f1+f2;
        f2=f2+f1;
    }
    return 0;
}
```

运行结果：

```
           1            1            2            3
           5            8           13           21
          34           55           89          144
         233          377          610          987
        1597         2584         4181         6765
       10946        17711        28657        46368
       75025       121393       196418       317811
      514229       832040      1346269      2178309
     3524578      5702887      9227465     14930352
    24157817     39088169     63245986    102334155
```

**【例 5.7】**判断 m 是否是素数。

解题思路：使用循环判断结构。循环语句用来遍历 2～m 之间的每个数，判断语句用来判断该数是否是素数（条件是 m%i 是否为 0），若不是素数，则 break 退出循环，否则继续。最后根据此时 i 与 m 的关系确定 m 是否为素数。传统流程图如图 5-7 所示。

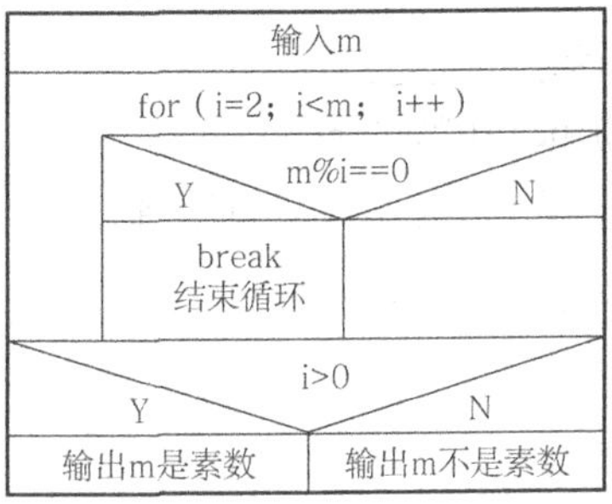


图 5-7

编写程序：

```
#include <stdio.h>
int main()
{   int m,i;
    scanf("%d",&m);
    for(i=2;i<m;i++)
        if(m%i==0) break;
    if(i>=m)
        printf("是素数\n");
    else
        printf("不是素数\n");
```

```
    return 0;
}
```

运行结果：

输入 7 和 8 时，结果分别如下。

```
7
是素数
```

```
8
不是素数
```

## 5.9 本章习题

### 一、选择题

1. 设有程序段：

```
int k=10; while(k=0)k=k-1;
```

下面描述中正确的是________。

A. while 循环执行 10 次　　B. 循环是无限循环

C. 循环体语句一次也不执行　　D. 循环体语句执行一次

2. 语句 while(!E);中的表达式!E 等价于________。

A. E==0　　B. E!=1　　C. E!=0　　D. E==1

3. 下面程序段的运行结果是________。

```
int n=0;    while(n++<=2);printf("%d",n);
```

A. 2　　B. 3　　C. 4　　D. 有语法错

4. 下面程序的运行结果是________。

```
#include<stdio.h>
void main( )
 { int num=0;
   while(num<=2)
   {   num++;
       printf("%d\n",num); }
   }
```

| A. | B. | C. | D. |
|---|---|---|---|
| 1 | 1<br>2 | 1<br>2<br>3 | 1<br>2<br>3<br>4 |

5. 以下程序段________。

```
x=-1;
do{ x=x*x; }
while(!x);
```

A. 是死循环　　B. 循环执行二次
C. 循环执行一次　　D. 有语法错误

6. 若有如下语句：

```
int x=3;
do{printf("%d\n",x-=2);}while(!(--x));
```

则上面程序段________。

A. 输出的是 1　　B. 输出的是 1 和-2
C. 输出的是 3 和 0　　D. 是死循环

7. 下面程序的运行结果是________。

```
#include <stdio.h>
void main()
 {int y=10;
  do{y--;}while(--y);
  printf("%d\n",y--);
  }
```

A. -1　　B. 1　　C. 8　　D. 0

8. 若 i 为整型变量，则以下循环执行的次数是________。

```
for(i=2;i==0;)printf("%d",i--);
```

A. 无限次　　B. 0 次　　C. 1 次　　D. 2 次

9. 执行语句 for(i=1;i++<4; );后变量 i 的值是________。

A. 3　　B. 4　　C. 5　　D. 不定

10. 以下正确的描述是________。

A. continue 语句的作用是结束整个循环的执行
B. 只能在循环体内和 switch 语句体内使用 break 语句
C. 在循环体内使用 break 语句和使用 continue 语句的作用相同
D. 从多层循环嵌套中退出时，只能使用 goto 语句

11. 下列程序运行后的输出结果是________。

```
#include <stdio.h>
void main()
{   int i,s=0;
    for(i=1; i<10; i+=2) s+=i+1;
    printf("%d\n",s);
}
```

A. 自然数 1～9 的累加和　　B. 自然数 1～9 中的奇数之和
C. 自然数 1～10 的累加和　　D. 自然数 1～10 中的偶数之和

## 二、填空题

1. 以下程序的输出结果是__________。

```
#include <stdio.h>
void main( )
    { int a, b;
      for(a=1, b=1; a<=100; a++)
        { if(b>=10) break;
          if (b%3==1) { b+=3; continue; }
      }
  printf("%d\n",a);
}
```

2. 有以下程序：

```
#include <stdio.h>
void main( )
{ char c;
while((c=getchar())!= '?' ) putchar( --c );
}
```

程序运行时，如果从键盘输入：Y？N？<回车>，则输出结果为________。

3. 下面程序的运行结果是________。

```
#include <stdio.h>
void main( )
 {int a,s,n,count;
  a=2;s=0;n=1;count=1;
  while(count<=7){n=n*a;s=s+n;++count;}
  printf("s=%d",s);}
```

4. 下面程序段的运行结果是________。

```
i=1;a=0;s=1;
do{a=a+s*i;s=-s;i++;}while(i<=10);
printf("a=%d",a);
```

5. 下面程序段的运行结果是________。

```
i=1;s=3;
do{s+=i++;
    if(s%7==0)continue;
    else ++i;
  }while(s<15);
printf("%d",i);
```

6. 指出下面3个程序的功能。当输入"quert？"时，它们的执行结果是什么？

(1)

```
#include <stdio.h>
```

```
void main( )
  {    char c;
       c=getchar();
       while (c!='?' )
       {putchar(c);
        c=geetchar();}
   }
```

(2)

```
#include <stdio.h>
void main( )
   {    char c;
        while ((c=getchar())!='?' ) putchar(++c);
    }
```

(3)

```
#include <stdio.h>
void main( )
    {    while (putchar (getchar())!='?' );       }
```

7. 以下程序的输出结果是________。

```
#include <stdio.h>
void main( )
{   int i,j;
    for(i=1; i<=3; i++)
    { for(j=1; j<=5-i; j++)   printf(" ");
    for(j=1; j<=2*i-1; j++)printf("#");
    printf("\n");
    }
}
```

8. 以下程序的输出结果是________。

```
#include <stdio.h>
void main( )
{ int a,b;
  for(a=1; a<=3; a++)
    { for(b=1; b<=a; b++)
         printf("%d*%d=%d ",a,b,a*b);
         printf("\n");
    }
}
```

9. 以下程序段的输出结果是________。

```
for(k=1; k<=4; k++)
    { for(i=1; i<=k; i++)
      printf("#");
      printf("\n");
    }
```

## 三、编程题

1. 从键盘上输入 10 个数，求出其中的最大数和次大数。

2. 100 匹马驮 100 担货，大马一匹驮 3 担，中马一匹驮 2 担，小马两匹驮 1 担。试编写程序计算大马、中马、小马的数目。

3. 每个苹果 0.8 元，第一天买 2 个苹果，第二天开始，每天买前一天的 2 倍，直至某天购买的苹果个数达到不超过 100 的最大值。编写程序求每天平均花多少钱？

4. 编写程序打印数字金字塔（用循环编写）。

# 第6章

# 数组

Chapter 06

前几章使用的变量都属于基本类型，如整型、字符型、浮点型数据，这些都是简单的数据类型。对于某些数据，只用简单的数据类型是不够的，不仅难以反映出数据的特点，而且也难以有效地进行处理。例如，对 1000 名学生的成绩进行处理，求这 1000 名学生的平均成绩。如果用基本变量，则需要定义 s1,s2,s3,…,s1000 来表示每个学生的成绩，不仅难以记忆，而且浪费程序的栈空间，还降低了程序的效率。

在C语言中，为了处理方便，把具有相同类型的若干变量按有序的形式组织起来。这些按序排列的同类数据元素的集合称为数组。数组属于C语言中的构造数据类型。一个数组包含多个数组元素，这些数组元素可以是基本数据类型或是构造类型。因此，按数组元素的类型不同，数组可以分为数值型数组、字符型数组、指针型数组、结构型数组等各种类型。本章介绍数值数组和字符数组，其余的在以后各章陆续介绍。

## 6.1 一维数组

### 6.1.1 一维数组的定义

在C语言中使用数组必须先进行定义。

一维数组的定义方式如下：

**类型说明符 数组名 [常量表达式]，…；**

其中，类型说明符是任一种基本数据类型或构造数据类型；数组名是用户定义的数组标识符；常量表达式是定义数据元素的个数，也称为数组的长度。

例如：

int iArr[2];　　　说明整型数组 iArr 有 2 个元素。

char cArr[10+5];　说明字符数组 cArr 有 15 个元素。

float fArr[5];　　说明浮点型数组 fArr 有 5 个元素。

对于数组类型说明应注意以下几点：

1）数组类型是指数组元素的取值类型。对于同一个数组，其所有元素的数据类型都是相同的。

2）数组名的命名必须符合标识符的命名规范。

3）数组名不能与同一作用域中其他变量名相同。

例如：

```
foo()
{
  int a;
  char a[10];
  ...
}
```

是错误的。

4）数组元素的下标从 0 开始计算。因此，数组 int a[5]中的 5 个数组元素分别是 a[0],a[1],a[2],a[3],a[4]。

5）数组名后的方括号中不能用变量来表示元素的个数，但是可以是符号常数或常量表达式。

例如：

```
#define FIVE 5
foo()
{
int iArr[3+2],iArr2[2+FIVE];
...
}
```

下面的数组定义方式是错误的。

```
foo()
{
 int n=6;
 int iArr[n];
 ...
}
```

6）允许在同一个类型定义中同时定义多个数组和多个变量。

例如：

```
int i, iArr[3];
```

## 6.1.2 一维数组引用

数组元素是组成数组的基本单元。数组元素也是一种变量形式，其标识方法为数组名后跟一个下标。下标表示了元素在数组中的顺序号。

数组元素的一般形式如下：

**数组名[下标]**

其中下标只能为整型常量或整型表达式。若为浮点型，则 C 编译器会自动将其取整。

例如：

```
a[5]
```

a[i+j]

a[i++]

都是合法的数组元素。

数组元素通常也称为下标变量。必须先定义数组，才能使用下标变量。在C语言中只能逐个地使用下标变量，而不能一次引用整个数组。

【例6.1】对10个数组元素依次赋值为0,1,2,3,4,5,6,7,8,9,并按逆序输出到屏幕。

解题思路：

1）定义一个长度为10的数组，数组定义为整型。

2）要赋的值是从0～9，可以用循环来赋值。

3）用循环按下标从大到小输出这10个元素。

```
#include <stdio.h>
int main()
 {   int i,a[10];
     for (i=0; i<=9;i++)
         a[i]=i;
     for(i=9;i>=0; i--)
         printf("%d ",a[i]);
     printf("\n");
     return 0;
 }
```

本例中用一个循环语句给a数组各元素送入赋值数值，然后用第二个循环语句输出各个数。在第一个for语句中，表达式3省略了。在下标变量中使用了表达式i++，用以修改循环变量。第二个for语句也可以这样做，C语言允许用表达式表示下标。程序中最后一个printf()语句输出了两次a[5]的值，可以看出当下标不为整数时将自动取整。

### 6.1.3 一维数组初始化

给数组赋值的方法除了用赋值语句对数组元素逐个赋值外，还可以采用初始化赋值和动态赋值的方法。

数组初始化赋值是指在数组定义时给数组元素赋予初值。数组初始化是在编译阶段进行的。这样将减少运行时间，提高效率。

初始化赋值的一般形式如下：

**类型说明符 数组名[常量表达式]={值，值…值}；**

其中在{ }中的各数据值即为各元素的初值，各值之间用逗号间隔。

例如：

```
int a[10]={ 0,1,2,3,4,5,6,7,8,9 };
```

相当于 a[0]=0;a[1]=1…a[9]=9;

C语言对数组的初始化赋值还有以下几点规定：

1）可以只给数组中的部分元素赋初值。

当{ }中值的个数少于元素个数时，只给前面部分元素赋值。

例如：

```
int a[10]={0,1,2,3,4};
```

表示只给 a[0]~a[4]5 个元素赋值，而后 5 个元素自动赋 0 值。相当于

```
int a[10]={0,1,2,3,4,0,0,0,0,0};
```

2）只能给元素逐个赋值，不能给数组整体赋值。

例如，给 10 个元素全部赋 1 值，只能写为

```
int a[10]={1,1,1,1,1,1,1,1,1,1};
```

而不能写为

```
int a[10]=1;
```

3）若给全部元素赋值，则在数组说明中，可以不给出数组元素的个数。

例如：

```
int a[5]={1,2,3,4,5};
```

可写为

```
int a[]={1,2,3,4,5};
```

### 6.1.4 一维数组程序举例

在程序执行过程中，可以对数组作动态赋值。例如，可用循环语句配合 scanf()函数逐个对数组元素进行赋值。

【例 6.2】用数组处理求 Fibonacci 数列问题。

解题思路：

1）用简单变量处理的，缺点是不能在内存中保存这些数。如果想直接输出数列中第 25 个数是很困难的。

2）如果用数组处理，每一个数组元素代表数列中的一个数，依次求出各数并存放在相应的数组元素中。

代码：

```
#include <stdio.h>
int main()
 {  int i;  int f[20]={1,1};
    for(i=2;i<20;i++)
         f[i]=f[i-2]+f[i-1];
    for(i=0;i<20;i++)
    {   if(i%5==0) printf("\n");
        printf("%12d",f[i]);
    }
    printf("\n");
    return 0;
 }
```

程序运行结果如图 6-1 所示。

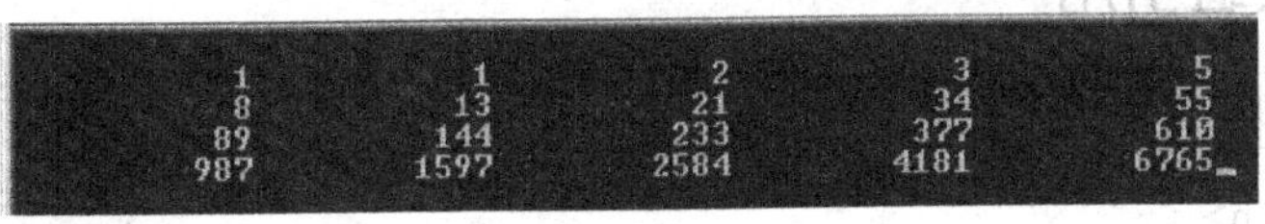


图 6-1

## 6.2 字符数组

用来存放字符量的数组称为字符数组。

### 6.2.1 字符数组的定义

字符数组的形式与前面介绍的数值数组相同。

例如：

```
char c[10];
```

由于字符型和整型通用，因此可以定义为 int c[10]，但这时每个数组元素占 2 个字节的内存单元。

### 6.2.2 字符数组初始化

字符数组也允许在定义时作初始化赋值。

例如：

```
char c[10]={'c',' ','p','r','o','g','r','a','m'};
```

赋值后各元素的值如下：

在数组 C 中，c[0]的值为'c'
c[1]的值为' '
c[2]的值为'p'
c[3]的值为'r'
c[4]的值为'0'
c[5]的值为'g'
c[6]的值为'r'
c[7]的值为'a'
c[8]的值为'm'

其中，c[9]未赋值，系统自动默认赋值为 0，即 c[9]的值是 0。

当对全体元素赋初值时，也可以省去长度说明。

例如：

```
char c[]={'c',' ','p','r','o','g','r','a','m'};
```

这时，C 数组的长度自动定为 9。

## 6.2.3 字符数组引用

【例 6.3】输出一个字符串。

```
#include <stdio.h>
int main( )
{    char c[10]={'I',' ','a','m',' ','a',
                 ' ','b','o','y'};
     int i;
     for(i=0;i<10;i++)
         printf("%c",c[i]);
     printf("\n");
     return 0;
}
```

程序输出结果如图 6-2 所示。

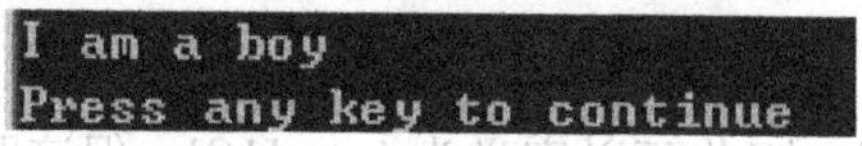
I am a boy
Press any key to continue

图 6-2

## 6.2.4 字符串和字符串结束标志

在C语言中没有专门的字符串类型，而是将字符串作为字符数组来处理的。程序员更关心的是字符串的有效长度，而不是字符数组的长度。为了测定字符串的实际长度，C 语言规定了字符串结束标志'\0'。'\0'代表 ASCII 码为 0 的字符。前面介绍字符串常量时，已说明字符串总是以'\0'作为串的结束标志。从 ASCII 码表可以查到，ASCII 码为 0 的字符不是一个可以显示的字符，而是一个“空操作符”，即它什么也不做，用它作为字符串结束标志不会产生附加的操作或增加有效字符，只起一个供辨别的标志。因此当把一个字符串存入一个数组时，也把结束符'\0'存入数组，并以此作为该字符串是否结束的标志。有了'\0'标志后，就不必再用字符数组的长度来判断字符串的长度了。

C 语言允许用字符串的方式对数组作初始化赋值。

例如：

```
char c[]={'c', ' ','p','r','o','g','r','a','m'};
```

可写为

```
char c[]={"C program"};
```

或去掉{}写为

```
char c[]="C program";
```

用字符串方式赋值比用字符逐个赋值要多占 1 个字节，用于存放字符串结束标志'\0'。上面的数组 c 在内存中的实际存放情况如图 6-3 所示。

| | | | | | | | | | |
|---|---|---|---|---|---|---|---|---|---|
| C | | p | r | o | g | r | a | m | \0 |

图 6-3

'\0'是由 C 编译系统自动加上的。由于采用了'\0'标志，因此在用字符串赋初值时一般无须指定数组的长度，而由系统自行处理。

### 6.2.5 字符数组的输入/输出

在采用字符串方式后，字符数组的输入/输出将变得简单方便。

除了上述用字符串赋初值的办法外，还可用 printf()函数和 scanf()函数一次性输入/输出一个字符数组中的字符串，而不必使用循环语句逐个地输入/输出每个字符。

【例 6.4】格式化输出字符串。

```
#include<stdio.h>
int main()
{
  char c[]="BASIC\ndBASE";
  printf("%s\n",c);
  return 0;
}
```

注意，在本例的 printf()函数中，使用的格式字符串为"%s"，表示输出的是一个字符串。在输出列表中给出数组名则可。不能写为

```
printf("%s",c[]);
```

【例 6.5】格式化输入字符串。

```
#include<stdio.h>
int main()
{
  char st[15];
  printf("input string:\n");
  scanf("%s",st);
  printf("%s\n",st);
  return 0;
}
```

本例中，由于定义数组长度为 15，因此输入的字符串长度必须小于 15，以留出一个字节用于存放字符串结束标志'\0'。应该说明的是，对一个字符数组，如果不作初始化赋值，则必须说明数组长度。还应该特别注意的是，当用 scanf()函数输入字符串时，字符串中不能含有空格，否则将以空格作为串的结束符。

例如，当输入的字符串中含有空格时，运行情况如图 6-4 所示。

图 6-4

从输出结果可以看出，空格以后的字符都未能输出。为了避免这种情况，可多设几个

字符数组分段存放含空格的串。

【例 6.6】字符串的分段存储。

```
int main()
{
  char st1[6],st2[6],st3[6],st4[6];
  printf("input string:\n");
  scanf("%s%s%s%s",st1,st2,st3,st4);
  printf("%s %s %s %s\n",st1,st2,st3,st4);
  return 0;
}
```

本程序分别设了四个数组，输入的一行字符的空格分段分别装入四个数组，然后分别输出这四个数组中的字符串。

在前面介绍过，scanf 的各输入项必须以地址方式出现，如&a,&b 等，但在前例中却是以数组名方式出现的，这是为什么呢?

这是由于在C语言中规定，数组名就代表了该数组的首地址。整个数组是以首地址开头的一块连续的内存单元。

如有字符数组 char c[10]，在内存的表示如图 6-5 所示。

| | | | | | | | | | |
|---|---|---|---|---|---|---|---|---|---|
| C[0] | C[1] | C[2] | C[3] | C[4] | C[5] | C[6] | C[7] | C[8] | C[9] |

图 6-5

设数组 c 的首地址为 2000，也就是说 c[0]单元地址为 2000。则数组名 c 就代表这个首地址。因此在 c 前面不能再加地址运算符&，如写作 scanf("%s",&c)；则是错误的。在执行函数 printf("%s",c) 时，按数组名 c 找到首地址，然后逐个输出数组中各个字符，直到遇到字符串终止标志'\0'为止。

## 6.2.6 字符串处理函数

C 语言提供了丰富的字符串处理函数，大致可分为字符串的输入、输出、合并、修改、比较、转换、复制、搜索几类。使用这些函数可大大减轻编程的负担。用于输入/输出的字符串函数，在使用前应包含头文件"stdio.h"，使用其他字符串函数则应包含头文件"string.h"。

下面介绍几个最常用的字符串函数。

### 1. 字符串输出函数 puts

格式：puts (字符数组名)

功能：把字符数组中的字符串输出到显示器，即在屏幕上显示该字符串。

【例 6.7】puts 函数的应用。

```
#include <stdio.h>
int main()
{
  char c[]="BASIC\ndBASE";
```

```
  puts(c);
  return 0;
}
```

从程序中可以看出，puts()函数中可以使用转义字符，因此输出结果成为两行。puts()函数完全可以由 printf()函数取代。当需要按一定格式输出时，通常使用 printf()函数。

### 2. 字符串输入函数 gets

格式：gets (字符数组名)

功能：从标准输入设备键盘上输入一个字符串。

本函数得到一个函数值，即为该字符数组的首地址。

【例 6.8】gets 函数的应用。

```
#include <stdio.h>
int main( )
{
  char st[15];
  printf("input string:\n");
  gets(st);
  puts(st);return 0;
}
```

从上面的程序中可以看出，当输入的字符串中含有空格时，输出仍为全部字符串。说明 gets()函数并不以空格作为字符串输入结束的标志，而只以回车作为输入结束。这是 gets()函数与 scanf()函数的不同之处。

### 3. 字符串连接函数 strcat

格式：strcat（字符数组名 1，字符数组名 2）

功能：把字符数组 2 中的字符串连接到字符数组 1 中字符串的后面，并删去字符串 1 后的串结束标志"\0"。本函数返回值是字符数组 1 的首地址。

【例 6.9】strcat 函数的应用。

```
#include<string.h>
int main( )
{
  static char st1[30]="My name is ";
  int st2[10];
  printf("input your name:\n");
  gets(st2);
  strcat(st1,st2);
  puts(st1);
  return 0;}
```

本程序把初始化赋值的字符数组与动态赋值的字符串连接起来。要注意的是，字符数组 1 应定义足够的长度，否则不能全部装入被连接的字符串。

### 4. 字符串复制函数 strcpy

格式：strcpy（字符数组名 1，字符数组名 2）

功能：把字符数组 2 中的字符串复制到字符数组 1 中。串结束标志"\0"也一同复制。字符数名 2 也可以是一个字符串常量，这时相当于把一个字符串赋予一个字符数组。

【例 6.10】strcpy 函数的应用。

```
#include<string.h>
int main( )
{
  char st1[15],st2[]="C Language";
  strcpy(st1,st2);
  puts(st1);printf("\n");
  return 0;
}
```

本函数要求字符数组 1 应有足够的长度，否则不能全部装入所复制的字符串。

### 5. 字符串比较函数 strcmp

格式：strcmp(字符数组名 1，字符数组名 2)

功能：按照 ASCII 码顺序比较两个数组中的字符串，并由函数返回值返回比较结果。

字符串 1＝字符串 2，返回值＝0；

字符串 2>字符串 2，返回值>0；

字符串 1<字符串 2，返回值<0。

本函数也可用于比较两个字符串常量，或比较数组和字符串常量。

【例 6.11】strcmp 函数的应用。

```
#include<string.h>
int main( )
{ int k;
  static char st1[15],st2[]="C Language";
  printf("input a string:\n");
  gets(st1);
  k=strcmp(st1,st2);
  if(k==0) printf("st1=st2\n");
  if(k>0) printf("st1>st2\n");
  if(k<0) printf("st1<st2\n");
  return 0;
}
```

本程序中把输入的字符串和数组 st2 中的串比较，比较结果返回到 k 中，根据 k 值再输出结果提示串。当输入为 dbase 时，由 ASCII 码可知“dBASE”大于“C Language”故 k>0,输出结果“st1>st2”。

### 6. 测字符串长度函数 strlen

格式：strlen（字符数组名）

功能：测字符串的实际长度（不含字符串结束标志'\0'）并作为函数返回值。

**【例 6.12】** strlen 函数的应用。

```
#include<string.h>
int main()
{ int k;
  static char st[]="C language";
  k=strlen(st);
  printf("The lenth of the string is %d\n",k);
  return 0;
}
```

## 6.3 二维数组

### 6.3.1 二维数组的定义

二维数组定义的格式：

类型说明符 数组名［常量表达式］［常量表达式］；

例如：int a[2][3]，b[3][2]；

二维数组是一种特殊的一维数组，它的元素又是一个一维数组。例如，a 是一个一维数组，它有 3 个元素（a［0］、a［1］、a［2］），每个元素又是一个包含 4 个元素的一维数组，如图 6-6 所示。

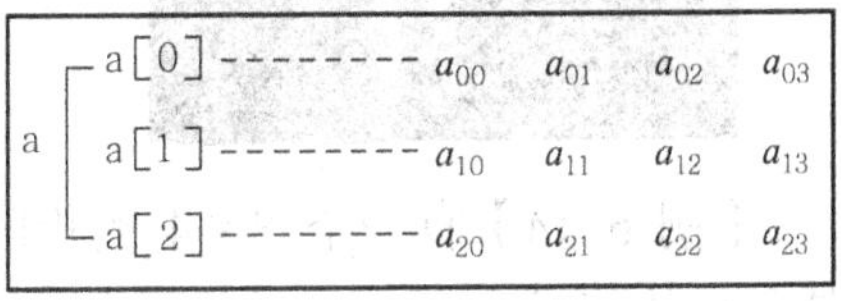


图 6-6

### 6.3.2 二维数组引用

二维数组元素的表示形式为，数组名［下标］［下标］，如 a［2］［3］。下标可以是整型表达式，如 a［2-1］［2*2-1］。

### 6.3.3 二维数组的应用

**【例 6.13】** 将一个二维数组的行和列元素互换，存到另一个二维数组中，如图 6-7 所示。

例如：$a=\begin{bmatrix}1 & 2 & 3\\ 4 & 5 & 6\end{bmatrix}$ $b=\begin{bmatrix}1 & 4\\ 2 & 5\\ 3 & 6\end{bmatrix}$

图 6-7

```
#include <stdio.h>
int main()
{
    int a[2][3]={{1,2,3},{4,5,6}};
    int b[3][2],i,j;
```

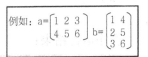

```
    printf("a 数组：\n");
    for (i=0;i<=1;i++)
    {    for (j=0;j<=2;j++)
         {
              printf("%5d",a[i][j]);
              b[j][i]=a[i][j];
         }
         printf("\n");
     }
    printf("b 数组：\n");
    for (i=0;i<=2;i++)
    {   for(j=0;j<=1;j++)
            printf("%5d",b[i][j]);
        printf("\n");
    }
    return 0;
}
```

程序运行结果：

```
a数组:
    1    2    3
    4    5    6
b数组:
    1    4
    2    5
    3    6
```

【例 6.14】有一个 3×4 的矩阵，要求编程序求出其中值最大的那个元素的值，以及其所在的行号和列号。

```
#include <stdio.h>
int  main()
{  int a[3][4]={{1,2,3,4},{9,8,7,6},{-10,10,-5,2}};
   int i,j,row=0,colum=0,max;
   max=a[0][0];
   for(i=0;i<=2;i++)
     for (j=0;j<=3;j++)
       if (a[i][j]>max)
       {   max=a[i][j];row=i;colum=j;}
   printf("\nmax=%d,row=%d,colum=%d\n",max,row,colum);
   return 0;
}
```

程序运行结果：

```
max=10,row=2,colum=1
```

## 6.4 程序举例

【例 6.15】把一个整数按大小顺序插入已排好序的数组中。

解题思路：

为了把一个数按大小顺序插入已排好序的数组中，应首先确定排序是从大到小还是从小到大进行的。设排序是从大到小进行的，则可把欲插入的数与数组中各数逐个比较，当找到第一个比插入数小的元素 i 时，该元素之前即为该当前数的插入位置，然后从数组最后一个元素开始到该元素为止，逐个后移一个单元，最后把插入数赋予元素 i 即可。如果被插入数比所有的元素值都小，则插入最后位置。

```
#include<stdio.h>
int main()
{
  int i,j,p,q,s,n,a[11]={127,3,6,28,54,68,87,105,162,18};
  for(i=0;i<10;i++)
  {
       p=i;q=a[i];
       for(j=i+1;j<10;j++)
          if(q<a[j]) {p=j;q=a[j];}
       if(p!=i)
       {
          s=a[i];
          a[i]=a[p];
          a[p]=s;
       }
       printf("%d ",a[i]);
   }
   printf("\ninput number:\n");
   scanf("%d",&n);
   n=90;
   for(i=0;i<10;i++)
     if(n>a[i])
    {
          for(s=9;s>=i;s--)
          a[s+1]=a[s];
          break;
     }
    a[i]=n;
    for(i=0;i<=10;i++)
      printf("%d ",a[i]);
```

```
    printf("\n");
    return 0;
}
```

本程序首先对数组 a 中的 10 个数从大到小排序并输出排序结果，然后输入要插入的整数 n，再用一个 for 语句把 n 和数组元素逐个比较，如果发现有 n>a[i]时，则由一个内循环把 i 以下各元素值顺次后移一个单元。后移应从后向前进行(从 a[9]开始到 a[i]为止)。后移结束跳出外循环。插入点为 i，把 n 赋予 a[i]即可。如所有的元素均大于被插入数，则并未进行过后移工作。此时 i=10，结果是把 n 赋予 a[10]。最后一个循环输出插入数后的数组各元素值。

程序运行时，输入数 47。从结果中可以看出 47 已插入到 54 和 28 之间。

## 6.5 本章习题

### 一、选择题

1. 下列能正确定义一维数组的选项是______。

   A. int a[5]={0,1,2,3,4,5};　　B. char a[ ]={0,1,2,3,4,5};

   C. char a={'A', 'B', 'C'};　　D. int a[5]="0123";

2. 已有定义：char a[ ]="xyz",b[ ]={'x', 'y', 'z'};，下列叙述中正确的是______。

   A. 数组 a 和 b 的长度相同　　B. a 数组的长度小于 b 数组的长度

   C. a 数组的长度大于 b 数组的长度　　D. 上述说法都不对

3. 下列程序的输出结果是______。

```
main()
{ int a[3][3],*p,i;
      p=&a[0][0];
      for(i=0;i<9;i+ +) p[i]=i;
      for(i=0;i<3;i+ +) printf("%d",a[1][i]); }
```

   A. 0 1 2　　B. 1 2 3　　C. 2 3 4　　D. 3 4 5

4. 下列程序的输出结果是______。

```
main()
{ int p[8]={11,12,13,14,15,16,17,18},i=0,j=0;
    while(i+ +<7)
    if(p[i]%2) j+ =p[i];
    printf("%d\n",j);
}
```

   A. 42　　B. 45　　C. 56　　D. 60

5. 有下列程序：

```
main()
{ char s[ ]="abcde";
s+ =2;
printf("%d\n",s[0]);
```

```
}
```

执行后的结果是______。

A. 输出字符 a 的 ASCII 码　　B. 输出字符 c 的 ASCII 码

C. 输出字符 c　　D. 程序出错

6. 若有定义语句：int k[2][3], *pk[3];，则下列语句中正确的是______。

A. pk=k;　　B. pk[0]=&k[1][2];

C. pk=k[0];　　D. pk[1]=k;

7. 若要求定义具有 10 个 int 型元素的一维数组 a，则下列定义语句中错误的是______。

A. #define N 10
int a [N];

B. #define n 5
int a [2*n];

C. int a [5+5];　　D. int n=10,a [n];

8. 下列语句中存在语法错误的是______。

A. char ss[6] [20]; ss[1]= "right? ";

B. char ss[ ] [20]={ "right? "};

C. char *ss[6]; ss[1]= "right? ";

D. char ss[ ]={ "right? "};

9. 下列数组定义中错误的是______。

A. int x[ ][3]={0};

B. int x[2][3]={{1,2},{3,4},{5,6}};

C. int x[ ][3]={{1,2,3},{4,5,6}};

D. int x[2][3]={1,2,3,4,5,6};

10. 有下列程序：

```
main()
{ int i,t[ ][3]={9,8,7,6,5,4,3,2,1};
for(i=0;i<3;i+ +) printf("%d",t[2-i][i]);
}
```

程序执行后的输出结果是______。

A. 7 5 3　　B. 3 5 7　　C. 3 6 9　　D. 7 5 1

11. 有下列程序：

```
fun(char p[ ][10])
{ int n=0,i;
    for(i=0;i<7;i+ +)
    if(p[i][0]= = 'T')n+ +;
    return n;
}
main()
{ char str[ ][10]={"Mon","Tue","Wed","Thu","Fri","Sat","Sun"};
printf("%d\n",fun(str));
```

}

程序执行后的输出结果是______。

A. 1　　B. 2　　C. 3　　D. 0

12. 若有定义语句：int a[3][6];，按在内存中的存放顺序，a 数组的第10个元素是______。

A. a[0][4]　　B. a[1][3]　　C. a[0][3]　　D. a[1][4]

13. 若有定义：int a[2][3];，以下选项中对a数组元素正确引用的是______。

A. a[2][!1]　　B. a[2][3]　　C. a[0][3]　　D. a[1>2][!1]

14. 若有定义语句：double x[5]={1.0, 2.0, 3.0, 4.0, 5.0}, *p=x；则错误引用x数组元素的是______。

A. *p　　B. x[5]　　C. *(p+1)　　D. *x

## 二、填空题

1. 下列程序运行后的输出结果是________

```
int f(int a[ ],int n)
{ if(n >  =1)return f(a,n-1)+a[n-1];
else return 0;
}
main( )
{    int aa[5]={1,2,3,4,5},s;
     s=f(aa,5);
         printf("%d\n",s);
}
```

2. 下列程序的运行结果是________。

```
#include <stdio.h>
int f(int a[ ],int n)
{ if(n>1)
     return a[0]+f(a+1,n-1);
       else
     return a[0];
}
main( )
{ int aa[10]={1,2,3,4,5,6,7,8,9,10},s;
       s=f(aa+2,4); printf("%d\n",s);
}
```

3. 下列程序的输出结果是________。

```
main( )
{ int a[3][3]={{1,2,9},{3,4,8},{5,6,7}},i,s=0;
  for(i=0;i<3;i+ +) s+ =a[i][i]+a[i][3-i-1];
  printf("%d\n",s);
}
```

4. 下列程序的功能是：求出数组 x 中各相邻 2 个元素的和并依次存放到 a 数组中，然后输出。请填空。

```
main( )
{ int x[10],a[9],i;
   for(i=0; i<10; i+ +) scanf("%d",&x[i]);
   for(______; i<10; i+ + )
   a[i-1]=x[i]+ ______;.
   for(i=0; i<9; i+ +) printf("%d ",a[i]);
   printf(" ");
}
```

5. 执行下列程序的输出结果是________。

```
#include <stdio.h>
main( )
{ int i,n[4]={1};
   for(i=1,i<=3;i+ +)
{ n[i]=n[i-1]*2+1;printf("%d",n[i]);}
```

6. 以下程序的定义语句中，x[1]的初值是_________，程序运行后输出的内容是________。

```
#include <stdio.h>
main( )
{
   int x[]={1,2,3,4,5,6,7,8,9,10,11,12,13,14,15,16},*p[4],i;
   for(i=0;i<4;i++)
   {
           p[i]=&x[2*i+1];
           printf("%d",p[i][0]);
   }
   printf("\n");
}
```

4. 下列程序的功能是：求出数组 x 中各相邻 2 个元素的和并依次存放到 a 数组中，然后输出。请填空。

```
main()
{ int x[10],a[9],i;
  for(i=0; i<10; i++) scanf("%d",&x[i]);
  for(______; i<10; i++)
    a[i-1]=x[i]+______;
  for(i=0; i<9; i++) printf("%d ",a[i]);
  printf("");
}
```

5. 执行下列程序的输出结果是________。

```
#include <stdio.h>
main()
{ int i,n[4]={1};
  for(i=1;i<=3;i++)
  { n[i]=n[i-1]*2+1; printf("%d",n[i]); }
```

6. 以下程序的定义语句中，x[1]的初值是________，程序运行后输出的内容是________。

```
#include <stdio.h>
main()
{
  int x[]={1,2,3,4,5,6,7,8,9,10,11,12,13,14,15,16},*p[4],i;
  for(i=0;i<4;i++)
  {
      p[i]=&x[2*i+1];
      printf("%d ",p[i][0]);
  }
  printf("\n");
}
```

# 第 7 章

# 函数

Chapter 07

## 7.1 函数概述

前面已经介绍过，C 程序是由函数组成的。在前几章中的程序大都只有一个主函数——main，实际上，一个程序往往由多个函数组成。函数是 C 源程序的基本模块，通过对函数模块的调用实现特定的功能。C 语言不仅提供了极为丰富的库函数，还允许用户建立自己定义的函数。用户可把自己的算法编成一个个相对独立的函数模块，然后用调用的方法来使用函数。可以说 C 程序的全部工作都是由各式各样的函数完成的，所以也把 C 语言称为函数式语言。

由于采用了函数模块式的结构，因此 C 语言易于实现结构化程序设计。

在 C 语言中，可以从不同的角度对函数进行分类。

1）从函数定义的角度看，函数可以分为库函数和用户定义函数两种。

① 库函数：由 C 系统提供，用户无须定义，也不必在程序中作类型说明，只需在程序前包含有该函数原型的头文件即可在程序中直接调用。在前面各章的例题中反复用到 printf、scanf、getchar、putchar、gets、puts、strcat 等函数均属此类。

② 用户定义函数：由用户按需要写的函数。对于用户自定义函数，不仅要在程序中定义函数本身，而且在主调函数模块中还必须对该被调函数进行类型说明，之后才能使用。

2）C 语言的函数兼有其他语言中的函数和过程两种功能，从这个角度看，又可把函数分为有返回值函数和无返回值函数两种。

① 有返回值函数：此类函数被调用执行完后将向调用者返回一个执行结果，称为函数返回值。如数学函数即属于此类函数。由用户定义的这种要返回函数值的函数，必须在函数定义和函数说明中明确返回值的类型。

② 无返回值函数：此类函数用于完成某项特定的处理任务，执行完成后不向调用者返回函数值。这类函数类似于其他语言的过程。由于函数无须返回值，用户在定义此类函数时可指定它的返回为“空类型”，空类型的说明符为“void”。

3）从主调函数和被调函数之间数据传送的角度看，又可把函数分为无参函数和有参函数两种。

① 无参函数：函数定义、函数说明及函数调用中均不带参数。主调函数和被调函数之间不进行参数传送。此类函数通常用来完成一组指定的功能，可以返回或不返回函数值。

② 有参函数：也称为带参函数。在函数定义及函数说明时都有参数，称为形式参数（简称形参）。在函数调用时也必须给出参数，称为实际参数（简称实参）。进行函数调用时，主调函数将把实参的值传送给形参，供被调函数使用。

在设计一个较大的程序时，往往把它分成若干个功能模块，每一个模块包括一个或者多个函数，每个函数实现一个特定的功能。一个C程序可由一个主函数和若干个其他函数构成，如图 7-1 所示。由主函数调用其他函数，其他函数之间也可以互相调用。同一个函数可以被一个或者多个函数调用任意多次。

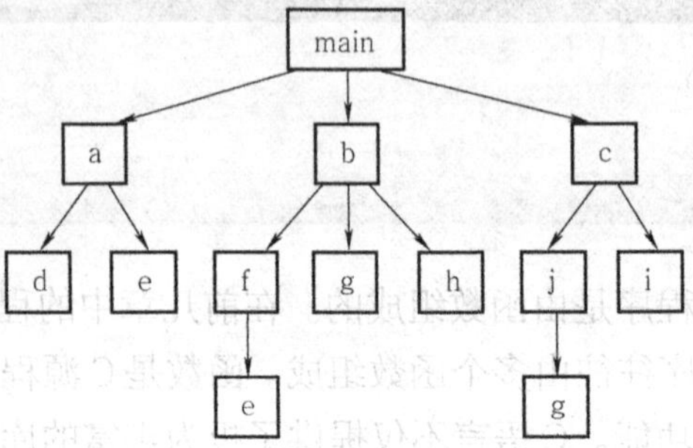


图 7-1

## 7.2 函数的定义

### 1. 无参函数的定义形式

无参函数的定义形式如下：

```
类型标识符 函数名()
{
    函数体
}
```

或

```
类型标识符 函数名(void)
{
    函数体
}
```

其中类型标识符和函数名称为函数头。类型标识符指明了本函数的类型，函数的类型实际上是函数返回值的类型。该类型标识符与前面介绍的各种说明符相同。函数名是由用户定义的标识符，函数名后有一个空括号，其中无参数，但括号不可少。

{}中的内容称为函数体。在函数体中包括声明部分和语句部分。

### 2. 有参函数的一般形式

有参函数的一般形式如下：

```
类型标识符 函数名（形式参数列表）
{
        函数体
```

```
}
```

有参函数比无参函数多了一个内容，即形式参数列表。在形式参数列表中给出的参数称为形式参数，它们可以是各种类型的变量，各参数之间用逗号间隔。在进行函数调用时，主调函数将赋予这些形式参数实际的值。既然形参是变量，就必须在形式参数列表中给出形参的类型说明。

例如，定义一个函数，用于求两个数中的大数，可写为

```
int max(int a, int b)
{
  if (a>b) return a;
  else return b;
}
```

第一行说明 max 函数是一个整型函数，其返回的函数值是一个整数。形参为 a，b，均为整型量。a，b 的具体值是由主调函数在调用时传送过来的。在{}中的函数体内，除形参外没有使用其他变量，因此只有语句而没有声明部分。在 max 函数体中的 return 语句是把 a（或 b）的值作为函数的值返回给主调函数。有返回值函数中至少应有一个 return 语句。

在C程序中，一个函数的定义可以放在任意位置，既可放在主函数 main 之前，也可放在主函数 main 之后。

**【例 7.1】**可把 max 函数置在 main 之后，也可以把它放在 main 之前。修改后的程序如下所示。

```
#include <stdio.h>
int max(int a,int b)
{
    if(a>b)return a;
    else return b;
}
int main( )
{
    int max(int a,int b);
    int x,y,z;
    printf("input two numbers:\n");
    scanf("%d%d",&x,&y);
    z=max(x,y);
    printf("maxmum=%d",z);
    return 0;
}
```

现在可以从函数定义、函数说明及函数调用的角度来分析整个程序，从中进一步了解函数的各种特点。

程序的第 1～5 行为 max 函数定义。进入主函数后，因为准备调用 max 函数，故先对 max 函数进行说明（程序第 8 行）。函数定义和函数说明并不是一回事，在后面还要专门讨论。函数说明与函数定义中的函数头部分相同，但是末尾要加分号。程序第 13 行为调用 max 函数，并把 x，y 中的值传送给 max 的形参 a，b。max 函数执行的结果（a 或

b）将返回给变量 z。最后由主函数输出 z 的值。

**3. 定义空函数**

空函数的一般形式如下：

**类型名 函数名（）**

{ }

空函数的作用如下：

1）先用空函数占一个位置，以后逐步扩充。

2）程序结构清楚，可读性好，以后扩充新功能方便。

# 7.3 函数调用

## 7.3.1 函数调用的形式

前面已经说过，在程序中是通过对函数的调用来执行函数体的，其过程与其他语言的子程序调用相似。

C 语言中，函数调用的一般形式如下：

**函数名（实参列表）**

1）如果是调用无参函数，则“实参列表”可以没有，但括号不能省略。

2）如果实参列表包含多个实参，则各参数间用逗号隔开。

## 7.3.2 函数调用的方式

在C语言中，可以用以下几种方式调用函数。

1）函数表达式：函数作为表达式中的一项出现在表达式中，以函数返回值参与表达式的运算。这种方式要求函数是有返回值的。

例如：z=max（x，y）是一个赋值表达式，把 max 的返回值赋予变量 z。

2）函数语句：函数调用的一般形式加上分号即构成函数语句。

例如：printf（"%d"，a）;scanf（"%d"，&b）;都是以函数语句的方式调用函数。

3）函数实参：函数作为另一个函数调用的实际参数出现。这种情况是把该函数的返回值作为实参进行传送，因此要求该函数必须是有返回值的。

例如：printf（"%d"，max（x，y））;

即是把 max 调用的返回值又作为 printf 函数的实参来使用的。在函数调用中还应该注意的一个问题是求值顺序的问题。求值顺序是指对实参表中各量是自左至右使用，还是自右至左使用。对此，各系统的规定不一定相同。

## 7.3.3 函数调用时的数据传递

**1. 形式参数和实际参数**

前面已经介绍过，函数的参数分为形参和实参两种。本节进一步介绍形参、实参的特点和两者的关系。形参出现在函数定义中，在整个函数体内都可以使用，离开该函数则不能使用。实参出现在主调函数中，进入被调函数后，实参变量也不能使用。形参和实参的功能是作数据传送。发生函数调用时，主调函数把实参的值传送给被调函数的形参，从而实现主调函数向被调函数的数据传送。

函数的形参和实参具有以下特点：

1）形参变量只有在被调用时，才分配内存单元，在调用结束时，即刻释放所分配的内存单元。因此，形参只有在函数内部有效。函数调用结束，返回主调函数后，则不能再使用该形参变量。

2）实参可以是常量、变量、表达式、函数等，无论实参是何种类型的量，在进行函数调用时，它们都必须具有确定的值，以便把这些值传送给形参。因此应预先用赋值、输入等办法使实参获得确定值。

3）实参和形参在数量上、类型上、顺序上应严格一致，否则会发生类型不匹配的错误。

4）函数调用中发生的数据传送是单向的。即只能把实参的值传送给形参，而不能把形参的值反向地传送给实参。因此，在函数调用过程中，形参的值发生改变，而实参中的值不会变化，如图 7-2 所示。

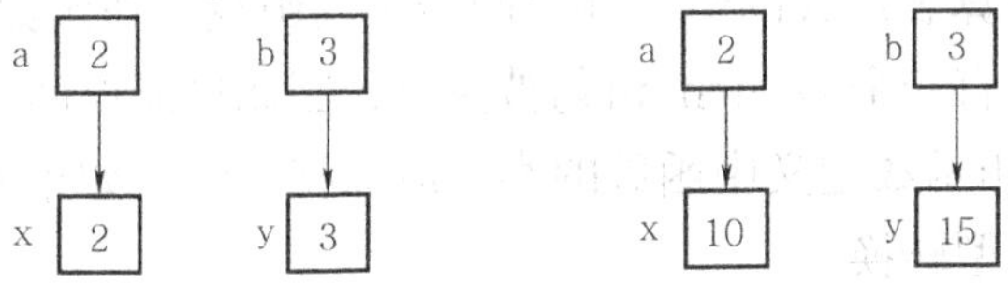


图 7-2

【例 7.2】函数调用时的数据传送是单向的。

```
int main()
{
    int n;
    printf("input number\n");
    scanf("%d",&n);
    s(n);
    printf("n=%d\n",n);
    return 0;
}
int s(int n)
{
    int i;
    for(i=n-1;i>=1;i--)
      n=n+i;
    printf("n=%d\n",n);
    return n;
}
```

本程序中定义了一个函数 s，该函数的功能是求$\sum n_i$的值。在主函数中输入 n 值，并作为实参，在调用时传送给 s 函数的形参量 n（注意，本例的形参变量和实参变量的标识符都为 n，但这是两个不同的量，各自的作用域不同）。在主函数中用 printf 语句输出一次 n 值，这个 n 值是实参 n 的值。在函数 s 中也用 printf 语句输出了一次 n 值，这个 n 值是形参最后取得的 n 值 0。从运行情况看，输入 n 值为 100。即实参 n 的值为 100。把此值传给函数 s 时，形参 n 的初值也为 100，在执行函数的过程中，形参 n 的值变为 5050。返回主函数之后，输出实参 n 的值仍为 100。可见实参的值不随形参的变化而变化。

### 2. 函数的返回值

函数的值是指函数被调用之后，执行函数体中的程序段所取得的并返回给主调函数的值，如调用正弦函数取得正弦值，调用[例 7.1]的 max 函数取得的最大数等。对函数的值（或称函数返回值）的说明如下：

1）函数的值只能通过 return 语句返回主调函数。

return 语句的一般形式如下：

```
return 表达式;
```

或者：

```
return（表达式）;
```

该语句的功能是计算表达式的值，并返回给主调函数。在函数中允许有多个 return 语句，但每次调用只能有一个 return 语句被执行，因此只能返回一个函数值。

2）函数值的类型和函数定义中函数的类型应保持一致。如果两者不一致，则以函数类型为准，自动进行类型转换。

3）若函数值为整型，则在函数定义时可以省去类型说明。

4）不返回函数值的函数，可以明确定义为“空类型”，类型说明符为“void”。如[例 7.2]中的函数 s 并不向主函数返函数值，因此可定义为

```
void s(int n)
{ ...
 }
```

一旦函数被定义为空类型后，就不能在主调函数中使用被调函数的函数值了。例如，在定义 s 为空类型后，在主函数中写下述语句

```
sum=s(n);
```

就是错误的。

为了使程序有良好的可读性并减少出错，凡不要求返回值的函数都应定义为空类型。

## 7.4 函数嵌套的调用

C 语言中不允许作嵌套的函数定义。因此各函数之间是平行的，不存在上一级函数和下一级函数的问题，但是 C 语言允许在一个函数的定义中出现对另一个函数的调用。这样就出现了函数的嵌套调用，即在被调函数中又调用其他函数。这与其他语言的子程序嵌套的情形是类似的。其关系如图 7-3 所示。

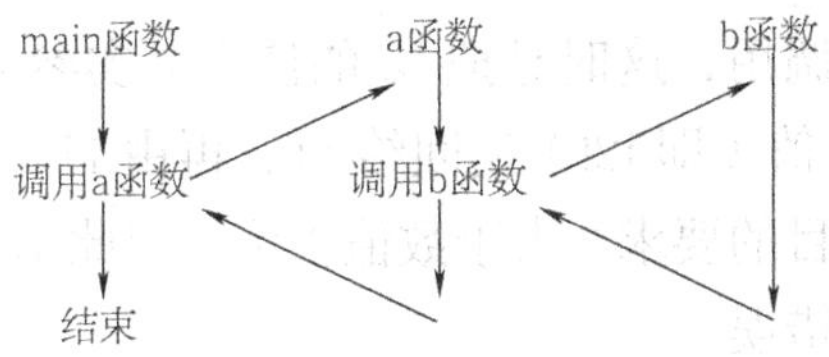


图 7-3

图 7-3 表示了两层嵌套的情形。其执行过程是：执行 main 函数中调用 a 函数的语句时，即转去执行 a 函数，在 a 函数中调用 b 函数时，又转去执行 b 函数，b 函数执行完毕返回 a 函数的断点继续执行，a 函数执行完毕返回 main 函数的断点继续执行。

**【例 7.3】** 计算 $s=2^2!+3^2!$

本题可编写两个函数，一个是用来计算平方值的函数 f1，另一个是用来计算阶乘值的函数 f2。主函数先调用 f1 计算出平方值，再在 f1 中以平方值为实参，调用 f2 计算其阶乘值，然后返回 f1，再返回主函数，在循环程序中计算累加和。

```
#include <stdio.h>
long f1(int p)
{
    int k;
    long r;
    long f2(int);
    k=p*p;
    r=f2(k);
    return r;
}
long f2(int q)
{
    long c=1;
    int i;
    for(i=1;i<=q;i++)
      c=c*i;
    return c;
}
int main()
{
    int i;
    long s=0;
    for (i=2;i<=3;i++)
      s=s+f1(i);
    printf("\ns=%ld\n",s);
    return 0;
}
```

在程序中，函数 f1 和 f2 均为长整型，都在主函数之前定义，故不必再在主函数中对 f1 和 f2 加以说明。在主程序中，执行循环程序依次把 i 值作为实参调用函数 f1，求 i2 值。

在 f1 中又发生对函数 f2 的调用，这时是把 i2 的值作为实参去调 f2，在 f2 中完成求 i2! 的计算。f2 执行完毕，把 C 值（即 i2!）返回给 f1，再由 f1 返回主函数实现累加。至此，由函数的嵌套调用实现了题目的要求。由于数值很大，因此函数和一些变量的类型都说明为长整型，否则会造成计算错误。

## 7.5 局部变量和全局变量

在讨论函数的形参变量时曾经提到，形参变量只在被调用期间才分配内存单元，调用结束立即释放。这一点表明形参变量只有在函数内才是有效的，离开该函数就不能再使用了。这种变量有效性的范围称为变量的作用域。C 语言中所有的量都有自己的作用域。变量说明的方式不同，其作用域也不同。C 语言中的变量，按作用域范围可分为两种，即局部变量和全局变量。

### 7.5.1 局部变量

局部变量也称为内部变量。局部变量是在函数内作定义说明的。其作用域仅限于函数内，离开该函数后再使用这种变量是非法的。

例如：

```
int f1(int a)          /*函数 f1*/
{
int b,c;
…
}
a,b,c 有效
int f2(int x)          /*函数 f2*/
{
int y,z;
…
}
x,y,z 有效
main()
{
    int m,n;
    …
}
m,n 有效
```

在函数 f1 内定义了 3 个变量，a 为形参，b 和 c 为一般变量。在 f1 的范围内，a，b，c 有效，或者说 a，b，c 变量的作用域限于 f1 内。同理，x，y，z 的作用域限于 f2 内。m，n 的作用域限于 main 函数内。关于局部变量的作用域的说明如下：

1）主函数中定义的变量也只能在主函数中使用，不能在其他函数中使用。同时，主函数中也不能使用其他函数中定义的变量。因为主函数也是一个函数，它与其他函数是平行关系。这一点是与其他语言不同的，应予以注意。

2）形参变量是属于被调函数的局部变量，实参变量是属于主调函数的局部变量。

3）允许在不同的函数中使用相同的变量名，它们代表不同的对象，分配不同的单元，互不干扰，也不会发生混淆。如在前例中，形参和实参的变量名都为 n 是完全允许的。

4）在复合语句中也可定义变量，其作用域只在复合语句范围内。

例如：

```
main()
{
   int s,a;
   ...
 {
   int b;
   s=a+b;
   ...                     /*b 作用域*/
 }
...                        /*s,a 作用域*/
}
```

【例 7.4】复合语句局部变量举例。

```
#include <stdio.h>
int main()
{
    int i=2,j=3,k;
    k=i+j;
    {
      int k=8;
      printf("%d\n",k);
    }
    printf("%d\n",k);
    return 0;
}
```

本程序在 main 中定义了 i，j，k 三个变量，其中 k 未赋初值。在复合语句内又定义了一个变量 k，并赋初值为 8。注意，这两个 k 不是同一个变量。在复合语句外由 main 定义的 k 起作用，而在复合语句内则由在复合语句内定义的 k 起作用。因此，程序第 4 行的 k 为 main 所定义，其值应为 5。第 7 行输出 k 值，该行在复合语句内，由复合语句内定义的 k 起作用，其初值为 8，故输出值为 8，第 9 行输出 i，k 值。i 是在整个程序中有效的，第 7 行对 i 赋值为 3，故输出值也为 3。而第 9 行已在复合语句之外，输出的 k 应为 main 所定义的 k，此 k 值由第 4 行已获得为 5，故输出也为 5。

### 7.5.2 全局变量

全局变量也称为外部变量，它是在函数外部定义的变量。它不属于哪一个函数，它属于一个源程序文件，其作用域是整个源程序。在函数中使用全局变量，一般应作全局变量说明。只有在函数内经过说明的全局变量才能使用。全局变量的说明符为 extern。在一个函数之前定义的全局变量，在该函数内使用可不再加以说明。

例如：

```
int a,b;            /*外部变量*/
void f1()           /*函数 f1*/
{
  …
}
float x,y;          /*外部变量*/
int fz()            /*函数 fz*/
{
  …
}
main()              /*主函数*/
{
  …
}
```

从上例可以看出，a、b、x、y 都是在函数外部定义的外部变量，都是全局变量。但 x，y 定义在函数 f1 之后，而在 f1 内又无对 x，y 的说明，所以它们在 f1 内无效。a，b 定义在源程序最前面，因此在 f1，f2 及 main 内不加说明也可使用。

**【例 7.5】**输入正方体的长度、宽度、高度分别为 l、w、h。求体积及三个面 x*y、x*z、y*z 的面积。

```
#include <stdio.h>
int s1,s2,s3;
int vs( int a,int b,int c)
{
    int v;
    v=a*b*c;
    s1=a*b;
    s2=b*c;
    s3=a*c;
    return v;
}
int main( )
{
 int v,l,w,h;
 printf("\ninput length,width and height\n");
 scanf("%d%d%d",&l,&w,&h);
 v=vs(l,w,h);
 printf("\nv=%d,s1=%d,s2=%d,s3=%d\n",v,s1,s2,s3);
}
```

【例 7.6】外部变量与局部变量同名。

```
int a=3,b=5;        /*a,b 为外部变量*/
max(int a,int b)    /*a,b 为外部变量*/
{int c;
 c=a>b?a:b;
 return(c);
}
main()
{int a=8;
 printf("%d\n",max(a,b));
return 0;
}
```

如果同一个源文件中，外部变量与局部变量同名，则在局部变量的作用范围内，外部变量被“屏蔽”，即它不起作用。

## 7.6 本章习题

### 一、选择题

1. 下列程序的输出结果是______。

```
int f1(int x,int y){return x>y?x : y;}
int f2(int x,int y){return x>y?y : x;}
main( )
{ int a=4,b=3,c=5,d=2,e,f,g;
e=f2(f1(a,b),f1(c,d));
f=f1(f2(a,b),f2(c,d));
g=a+b+c+d-e-f;
printf("%d,%d,%d\n",e,f,g);
}
```

A. 4, 3, 7　　B. 3, 4, 7　　C. 5, 2, 7　　D. 2, 5, 7

2. 下列程序的输出结果是______。

```
void f(int *x, int *y)
{ int t;
t=*x,*x=*y;*y=t;
}
main( )
{ int a[8]={1,2,3,4,5,6,7,8},i,*p,*q;
p=a;q=&a[7];
while(p<q)
{ f(p,q); p+ +; q--;}
for (i=0;i<8;i+) printf("%d,",a[i]);
}
```

A. 8, 2, 3, 4, 5, 6, 7, 1　　B. 5, 6, 7, 8, 1, 2, 3, 4

C. 1, 2, 3, 4, 5, 6, 7, 8　　D. 8, 7, 6, 5, 4, 3, 2, 1

3. 下列程序的输出结果是______。

```
#define N 20
fun(int a[ ],int n,int m)
{ int i,j;
for(i=m;i>n;i--)a[i+1]=a[i]
}
main( )
{ int i,a[N]={1,2,3,4,5,6,7,8,9,10};
fun(a,2,9);
for(i=0;i<5;i+ +) printf("%d",a[i]);
}
```

A. 10234　　B. 12344　　C. 12334　　D. 12234

4. 下列程序的输出结果是______。

```
#define P 3
void F(int x){ return(P*x*x); }
main( )
{ printf("%d\n",F(3+5)); }
```

A. 192　　B. 29　　C. 25　　D. 编译出错

5. 下列程序的输出结果是______。

```
point(char*p){ p+ =3; }
main( )
{ char b[4]={'a','b','c','d'},*p=b;
point(p); printf("%c\n",*p);
}
```

A. a　　B. b　　C. c　　D. d

6. 程序中若有下列说明和定义语句:

```
char fun(char *);
main( )
{ char *s="one",a[5]={0},(*f1)( )=fun,ch;
...
}
```

则下列选项中对 fun()函数的正确调用语句是______。

A. (*fl)(a);　　B. *fl(*s);　　C. fun(&a);　　D. ch=*fl(s);

7. 设 fun( )函数的定义形式为

```
void fun(char ch,float x){...}
```

则下列对函数 fun( )的调用语句中，正确的是______。

A. fun("abc",3.0);　　B. t=fun('D',16.5);

C. fun('65',2.8);　　D. fun(32,32);

8. 已定义下列函数:

```
int fun(int *p)
```

```
{ return *p;}
```

则 fun()函数的返回值是______。

A. 不确定的值　　B. 一个整数

C. 形参 p 中存放的值　　D. 形参 p 的地址值

9. 有下列程序：

```
fun(int x,int y){return (x+y);}
main()
{ int a=1,b=2,c=3,sum;
sum=fun((a++,b++,a+b),c++);
printf("%d\n",sum);
}
```

执行后的输出结果是______。

A. 6　　B. 7　　C. 8　　D. 9

## 二、填空题

1. 下列程序运行后的输出结果是________。

```
void swap(int x,int y)
{ int t;
t=x;x=y;y=t;printf("%d %d ",x,y); }
main()
{ int a=3,b=4;
swap(a,b); printf("%d %d\n",a,b);
}
```

2. 下列程序运行后的结果是________。

```
#include <string.h>
void fun(char *s, int p, int k)
{ int i;
for(i=p;i<k-1;i++) s[i]=s[i+2]; }
main()
{ char s[]="abcdefg";
fun(s,3,strlen(s)); puts(s);
}
```

3. 下列程序运行后的输出结果是________。

```
fun(int a)
{ int b=0; static int c=3;
b++; c++;
return(a+b+c);
}
main()
{ int i, a=5;
for(i=0;i<3;i++)printf("%d%d",i,fun(a));
printf("\n");
```

```
}
```

4. 下列程序运行后的输出结果是________。

```
int f(int a[ ],int n)
{ if(n> =1)return f(a,n-1)+a[n-1];
else return 0;
}
main( )
{ int aa[5]={1,2,3,4,5},s;
s=f(aa,5); printf("%d\n",s);
}
```

5. 下列程序的运行结果是________。

```
fun(int t[ ], int n)
{ int i,m;
if(n= =1)return t[0];
else
if(n>=2){m=fun(t,n-1); return m;}
}
main( )
{ int a[ ]={11,4,6,3,8,2,3,5,9,2};
printf("%d\n",fun(a,10));
}
```

6. 下列程序中，fun()函数的功能是计算 x2-2x+6，主函数中将调用 fun()函数计算：

y1=(x+8)2-2(x+8)+6

y2=sin2(x)-2sin(x)+6

请填空。

```
#include "math.h"
double fun(double x){return(x*x-2*x+6);}
main( )
{ double x,y1,y2;
printf("Enter x: "); scanf("%lf",&x);
y1=fun(______);
y2=fun(______);
printf("y1=%lf,y2=%lf\n",y1,y2);
}
```

7. 下列程序的运行结果是：________。

```
#include <stdio.h>
int f(int a[ ],int n)
{ if(n>1)
return a[0]+f(a+1,n-1);
else
return a[0];
}
int main( )
{ int aa[10]={1,2,3,4,5,6,7,8,9,10},s;
s=f(aa+2,4); printf("%d\n",s);return 0;}
```

# 第 8 章
# 预处理命令

Chapter 08

## 8.1 预处理命令概述

C 语言的预处理指令是人们写在程序代码中的给预处理器（preprocessor）的命令，而不是程序本身的语句。预处理器在编译一个 C 语言程序时由编译器自动执行，它负责控制对程序代码的第一次验证和消化。所有这些指令必须写在单独的一行中，它们不需要加结尾的分号“;”。C 语言的预处理主要有三个方面的内容：①宏定义；②文件包含；③条件编译。预处理命令以符号“#”开头。

## 8.2 宏定义

使用#define 预处理指令并不是真正的定义符号常量，而是定义一个可以替换的宏。被定义为宏的标示符称为“宏名”。在编译预处理过程时，对程序中所有出现的“宏名”，都用宏定义中的字符串去代换，这称为“宏代换”或“宏展开”。

在 C 语言中，宏分为有参数和无参数两种。

无参数的宏的定义形式如下：

**#define 宏标识 替换串**

有参数的宏的定义形式如下：

**#define 宏标识（参数列表）替换串**

其中的标识符就是所谓的符号常量，也称为“宏名”。预处理将宏名替换为字符串。

使用宏优势：提高程序的通用性和易读性，减少程序的不一致性，减少输入错误，便于修改。例如 π 这个常量，有时会在程序的多个地方使用，如果每次使用都重新定义，比较麻烦，也容易出错，可以把 π 做成宏定义来使用。例如：

```
#define PI 3.1415926
```

在预处理过程中会把源代码中所有出现 PI 的地方（不包括引号内）全部换成 3.1415926。可以用#undef 命令终止宏定义的作用域。

**【例 8.1】**宏定义的应用。

```
#include<stdio.h>
```

```
#define N 100
int main(){
    int i = 99;
    printf("N*i=%d\n", N * i);
#undef N
    //printf("N*i=%d\n", N * i); 编译错误，没有定义 N
#define N 10
    printf("N*i=%d\n", N * i);
    return 0;
}
```

程序运行结果：

```
N*i=9900
N*i=990
```

从[例 8.1]的运行结果可以看出，N 在不同的作用域被定义成了不同的值。

1）宏名一般用大写，用来区别类型、普通变量或函数名等标识符。

2）预处理是在编译之前的处理，而编译工作的任务之一就是语法检查，预处理不做语法检查。

3）宏定义末尾不加分号“;”。

4）宏定义写在函数的花括号外边，作用域为其后的程序，通常在文件的最开头。

5）宏定义可以嵌套。

6）字符串" "中永远不包含宏。

7）宏定义不分配内存，变量定义分配内存。

**【例 8.2】**宏定义的应用。

```
#include<stdio.h>
#define SUM(x, y) (x) + (y)

int main(){
    int a, b, sum;
    scanf("%d %d",&a,&b);
    sum = SUM(a, b);
    printf("SUM(a, b) = %d", sum);
    return 0;
}
```

## 8.3 文件包含

当一个 C 语言程序代码比较大时，根据模块化编程理论，通常将代码根据功能分成多个模块，主文件中一般包含 main()函数和与 main()函数本身直接相关的专用函数。程序从 main()函数执行，在执行过程中，既可以直接调用当前文件中的函数，也能调用其他模块中的函数。如果要调用其他模块中的函数，则首先必须在当前模块中声明该函数原型。一般都是采用文件包含的方法，包含其他文件模块的头文件。

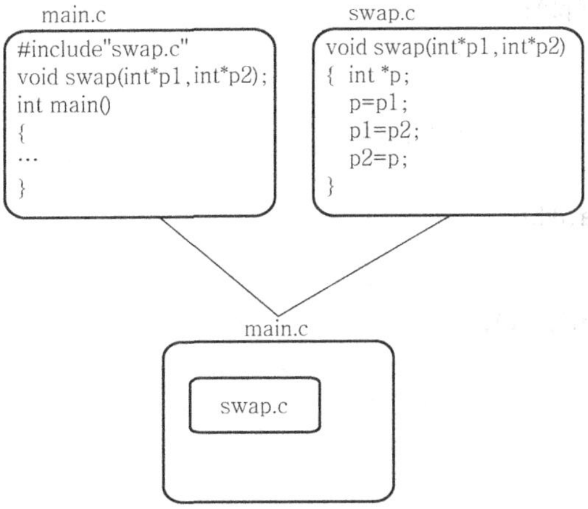


文件包含中指定的文件名既可以用引号括起来，也可以用尖括号括起来，格式如下：

**#include<文件名>**

或

**#include“文件名”**

如果自己编写的文件不是存放在当前或者 include 工作文件夹中，则在文件名前面加上相对路径。

使用尖括号包含的文件，编译程序将到 C 语言开发环境中设置好的 include 文件列表中去找指定的文件。因为 C 语言的标准头文件都存放在 include 文件列表中，所以一般对标准头文件采用尖括号；对于包含当前工作空间下自己编写的文件，则使用双引号。

#include 命令的作用是把指定的文件模块内容插入到#include 所在的位置，当程序编译、链接时，系统会把所有#include 指定的文件链接生成可执行代码。文件包含必须以#开头，表示这是编译预处理命令，行尾不能用分号结束。

#include 所包含的文件，其扩展名可以是“.c”，表示包含普通 C 语言源程序。也可以是“.h”，表示 C 语言程序的头文件。C 语言系统中大量的定义与声明是以头文件形式提供的。

**【例 8.3】**文件包含的应用。

swap.c 文件

```
void swap(int *p1,int *p2)
{       int p;
        p=*p1;
        *p1=*p2;
        *p2=p;
}
```

主文件

```
#include<stdio.h>
#include"swap.c"
void swap(int *p1,int *p2);
int main()
{
    int a,b;
    scanf("%d %d",&a,&b);
    swap(&a,&b);
    printf("\n%d,%d\n",a,b);
    return 0;
}
```

## 8.4 条件编译

预处理命令还提供了条件编译功能。条件编译允许只编译源文件中满足条件的程序段，也就是在预处理时，按照不同的条件去编译程序的不同部分，从而生成不同的目标代码。使用条件编译，可以方便地处理程序的调试版本和正式版本，也可使用条件编译使程序的移植更方便。

C 语言支持 if、ifdef 和 ifndef 三种条件编译指令以及 endif 条件编译结束指令。与 C 语言的条件分支语句类似，在预处理时，也可以使用分支，根据不同的情况编译不同的源代码段。

#if 的使用格式如下：

```
#if 表达式
    程序段 1
#else
    程序段 2
#endif
```

该条件编译命令的执行过程如下：若常量表达式的值为真（非 0），则对程序段 1 进行编译，否则对程序段 2 进行编译。因此，可以使程序在不同的条件下完成不同的功能。

#ifdef 的使用格式如下：

```
#ifdef 标识符
    程序段 1
#else
    程序段 2
#endif
```

该条件编译命令的执行过程如下：若标识符已经进行 define 定义，则对程序段 1 进行编译，否则对程序段 2 进行编译。因此，可以使程序在不同的条件下完成不同的功能。

【例 8.4】条件编译的应用。

```
#include<stdio.h>
#define DEBUG 1
int main( )
{
    int a,b;
    scanf("%d %d",&a,&b);
#if DEBUG
    printf("\ninput number is a = %d, b = %d\n",a,b);
#endif
    return 0;
}
```

## 8.5 本章习题

1. 以下叙述中不正确的是______。
   A. 预处理命令行都必须以#开始
   B. 在程序中凡是以#号开始的语句行都是预处理命令
   C. 程序在执行过程中对预处理命令行进行处理
   D. 下面是正确的宏定义
      #define PI
2. 请读下面的源程序，程序的运行结果是______。

```
#define DOUBLE(x) x+x
main( )
{
int a=1,b=2;
int d= DOUBLE (m+n)*3;
printf("d=%d",d);
}
```

   A. sumv=9　　B. sum=10　　C. sum=12　　D. sum=18
3. 在宏定义#define PI 3.1415926 中，用宏名 PI 代替一个______。
   A. 常量　　B. 单精度数　　C. 双精度数　　D. 字符串
4. 请读下面的源程序，程序的运行结果是______。

```
#include<stdio.h>
#define DEBUG 0
int main()
{
```

```
    int a=0,b=1;
#if DEBUG
    printf("%d, %d",a,b);
#endif
    return 0;
}
```

A. 0，1　　B. 1，0

C. 编译错误，不能执行　　D. 以上都不正确

5. 以下程序的运行结果是______。

```
#include<stdio.h>
#define A 4
#define B(x) A*x/2
int main()
{
int c,a=4;
c=B(a);
printf("%d\n",c);
}
```

A. 4　　B. 2

C. 8　　D. 没有输出

# 第 9 章

# 指针

Chapter 09

指针是 C 语言的重要概念，是 C 语言的特色和精华。利用指针可以表示各种数据结构。正确、灵活地运用指针，可以使程序简洁、紧凑和高效。

学习指针是学习 C 语言中最重要的一环，能否正确理解和使用指针是读者是否掌握 C 语言的一个标志。

## 9.1 指针的概念

指针的概念涉及数据的物理存储，相对复杂，对初学者来说较难掌握。因此，本节的三个子知识点在安排上循序渐进。首先，讲解变量的地址和变量的值的概念和区别；其次，在此基础上引出指针和指针变量的概念和区别；最后，分析为何引入指针变量这一特殊的变量，目的是提供多一种访问方式——间接访问方法。

### 9.1.1 变量的地址与变量的值

变量是存储单元的一种抽象，即将真实的物理层抽象到高级语言中的变量，这种抽象分为两个方面，一方面将存储单元的地址抽象为变量的地址，另一方面将存储单元的内容抽象为变量的值。

#### 1. 变量的地址与变量的值的概念

变量的地址就是存储单元的地址，变量的值就是存储单元的内容。如图 9-1 所示，以 2000 作为起始地址的存储单元的地址是 2000，其单元上的内容是 10，所以整型变量 i 的地址是 2000，变量 i 的值是 10；浮点型变量 k 同理。

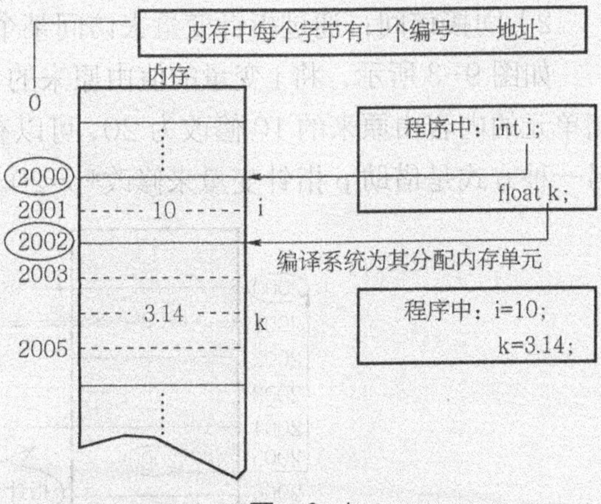


图 9-1

#### 2. 变量的地址与变量的值的区别

变量的地址与变量的值是变量的两个属性，其区别就如：房间的门牌号是地址；房间里存放的物品是有效的数据，先通过地址找到存储空间，然后进行数据的存取。

## 9.1.2 指针与指针变量

在理解变量的地址与变量的值这个知识点的基础上，引出指针和指针变量。指针就是地址，将该地址交给一个特殊的变量，该变量的值是地址，所以称为指针变量。

1）指针：一个变量的地址称为该变量的“指针”。

2）指针变量：一个特殊的变量，用来专门存放另一个变量地址。如图 9-2 所示，有两个变量，分别是 i 变量和 p 变量。

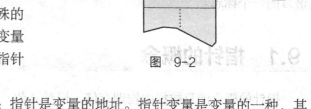

i 变量的值是（2000）存储单元的内容 10，i 变量的地址是存储单元的地址 2000，也称指针。

p 变量的值是（2004）存储单元的内容 2000,p 变量的地址是存储单元的地址 2004。

i 变量是一般的变量，p 变量是特殊的变量,其特殊性就体现在该变量的值是变量 i 的地址，即 i 变量的指针，该指针是指针变量 p 的值。

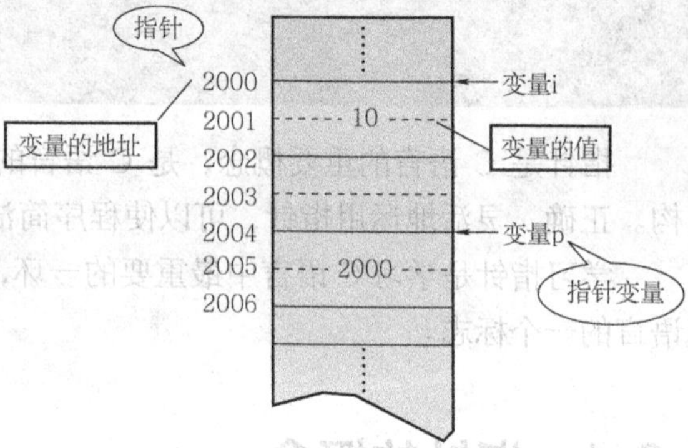


图 9-2

3）指针与指针变量的概念的区别：指针是变量的地址。指针变量是变量的一种，其值是地址，与整型变量、浮点变量的命名规则完全相同。

## 9.1.3 直接访问与间接访问

指针变量是一个特殊的变量，专门存放另一个变量的地址，该地址具有指引导向的作用，通过该地址就可以访问某个变量，因此，指针变量提供一种间接访问的方法。

1）直接访问：按变量名存取变量值。

2）间接访问：通过指针变量去访问某个变量。

如图 9-3 所示，将 i 变量的值由原来的 10 修改为 20，即将以 2000 为起始地址的存储单元的内容由原来的 10 修改为 20，可以有两种方式：一种是按变量名直接赋值，i=20；另一种方式是借助 p 指针变量来修改*p=20。

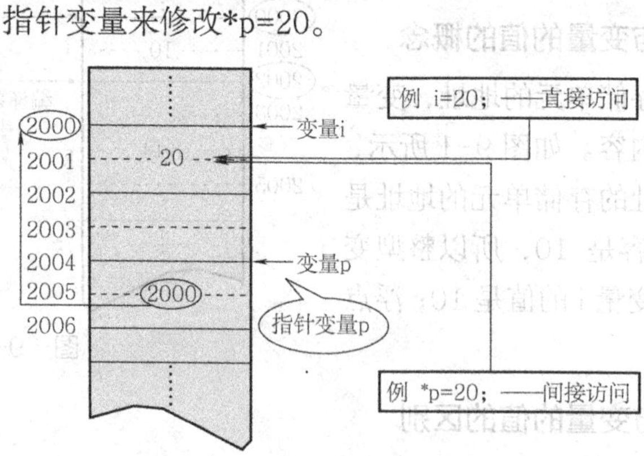


图 9-3

在理解指针与指针变量的概念的基础上，要清楚引入指针变量的目的是提供一种间接访问方式。如何在程序中应用指针变量呢？指针变量是特殊的变量，但它首先是变量，遵循一般变量的应用规则，即先定义，再引用。首先，学习指针变量的定义；然后再学习指针变量的引用；变量的定义和引用都涉及*这个标识符，因此在讲解指针变量的应用之前，先讲解与指针操作相关的两个重要运算符取地址运算符&和指针运算符*。

## 9.2 指针变量的定义

### 9.2.1 指针变量定义的形式

1）指针变量的一般形式：数据类型　*指针变量名；

其中：*是类型说明符，说明其后的变量是特殊的变量——指针变量。

数据类型又称基类型，规定该指针变量所指向变量的数据类型。

指针变量名：符合变量名命名规则。

例如：
```
int *p;
float *q;
```

2）定义指针变量时应注意的事项：

① 指针变量定义的格式与一般变量定义的异同点。指针变量在形式上多了个“*”，使得该变量具有了特殊的使命，在程序设计中担任了重要的角色，即通过 p,q 可以访问到它们所指的变量。

② 指针变量名是 p，q，不是*p,*q，即非就近原则。

指针变量定义后，方可引用。

### 9.2.2 &与*操作运算符

#### 1. &与*运算符

（1）&取地址运算符

功能：取变量的地址。

（2）*指针运算符

功能：取指针变量所指向的变量的值。

在本书的附录 C 中可以看到，这两个运算符的优先级为 2，是单目运算符，右结合性。

从功能可以看出，&与*是一对互逆运算符，正如+与-运算符。

例如：
```
int i, *p;
    i=10;p=&i;
    printf("%d",*p);
```

该代码段中的一般变量 i 与特殊变量 p 的关系如图 9-4 和图 9-5 所示。

分析：第一行与第三行的“*”符号表示的含义是否相同？

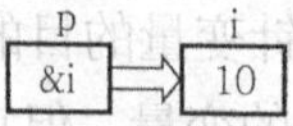


图 9-4

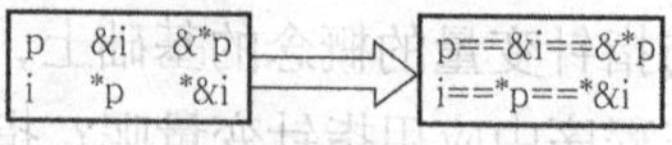


图 9-5

### 2. &与*运算符的应用举例

【例 9.1】应用&与*运算符的程序，源程序如下所示。

```
#include<stdio.h>
int main()
{ int i=10;
  int *p=&i;
  printf("\ni=%d\n",i);
  printf("\n*p=%d\n",*p);
  printf("\n*&i=%d\n",*&i);

  printf("\n&i=%X\n",&i);
  printf("\np=%X\n",p);
  printf("\n&*p=%X\n",&*p);
  printf("\n&p=%X\n",&p);
  return 0;
}
```

程序运行结果和分析如图 9-6 所示。

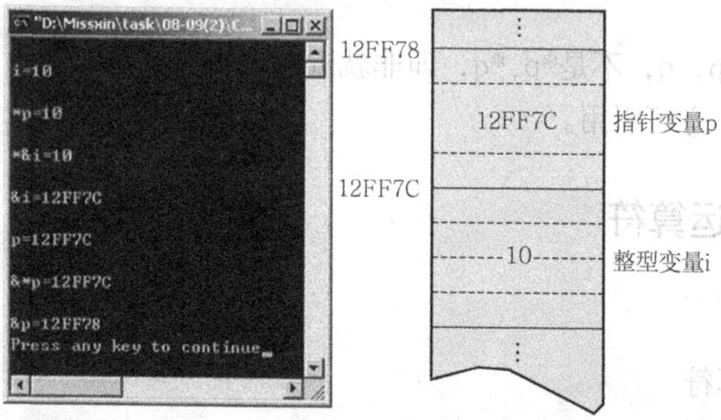


图 9-6

## 9.3 指针变量引用

指针变量定义后，方可引用。通过以下两个典型小程序，介绍指针变量引用时应注意的问题。

【例 9.2】典型小程序的源程序和编译结果如下所示。

```
#include<stdio.h>
void main()
{
    float a;
    int *p;
    p=&a;
}
```

```
--------------------Configuration: ch10_2 - Win32 Debug--------------------
Compiling...
ch10_2.c
D:\studio\c\ch10\ch10_2.c(6) : warning C4133: '=' : incompatible types - from 'float *' to 'int *'
Linking...

ch10_2.exe - 0 error(s), 1 warning(s)
```

编译结果分析：赋值符号“=”两侧类型不匹配。

指针引用要点 1：指针变量应指向定义时所规定类型的变量。

【例 9.3】典型小程序的源程序和编译结果如下。

```
#include<stdio.h>
void main()
{  int i=10;
   int *p;
   *p=i;
   printf("%d\n",*p);
}
```

```
--------------------Configuration: ch10_3 - Win32 Debug--------------------
Compiling...
ch10_3.c
D:\studio\c\ch10\ch10_3.c(6) : warning C4700: local variable 'p' used without having been initialized
Linking...

ch10_3.exe - 0 error(s), 1 warning(s)
```

编译结果分析：指针变量没有赋初值就使用。

指针引用要点 2：指针变量必须先赋值，再使用。

【例 9.4】通过指针变量访问整型变量的程序来归纳总结指针变量的定义和引用中应该注意的要点。

```
#include<stdio.h>
int main()
{ int a,b;
  int *p1,*p2;
  a=100;
  b=10;
  p1=&a;
  p2=&b;
  printf("%d,%d\n",a,b);
  printf("%d,%d\n",*p1,*p2);
  return 0;
}
```

分析源程序回答问题：

1）请问指针变量的定义是哪条语句？定义应注意哪两个要点？

2）请问指针变量的引用是哪条语句？引用应注意哪两个要点？

3）int *p1,*p2;与 printf("%d,%d\n",*p1,*p2);这两条语句中的*含义是否相同？

程序分析：

本程序的第 4 行 int *p1,*p2;是指针变量的定义，int *是类型说明符，说明 p1 和 p2 是指向整型类型的指针变量，且变量名是 p1 和 p2。

本程序中的最后一行 printf("%d,%d\n",*p1,*p2);是指针变量 p1 和 p2 的引用，在引

用前已赋初值，即程序中的 7、8 行 p1=&a;12=&b;

本程序中的 int *p1,*p2;与 printf("%d,%d\n",*p1,*p2);这两条语句中的*含义不相同，int *p1,*p2;中的*是类型说明符，printf("%d,%d\n",*p1,*p2);中的*是指针运算符。

## 9.4 指针变量做函数参数

指针变量的重要应用就是作为函数的参数，能够实现将主调函数中的变量的地址传递给被调函数，从而实现被调函数修改变量的值，主调函数可以获得这种修改。

**【例 9.5】**输入的两个整数按大小顺序输出，用函数处理，而且用指针变量作函数参数。

编写程序：

```
#include<stdio.h>
void swap(int *p1,int *p2)
{     int temp;
      temp=*p1;
      *p1=*p2;
      *p2=temp;
}
int main(){
     int a,b, *pointer_1,*pointer_2;
     scanf("%d,%d",&a,&b);
     pointer_1=&a; pointer_2=&b;
     if(a<b)
     swap(pointer_1,pointer_2);
     printf("\n%d,%d\n",a,b);
     return 0;
}
```

运行结果：

程序分析：

swap 是用户定义的函数，它的目的是交换主函数中变量（a 和 b）的值。swap 函数的形参 p1、p2 是指针变量。程序运行时，先执行 main 函数，输入 a 和 b 的值，然后将 a 和 b 的地址分别赋给指针变量 pointer_1 和 pointer_2，使 pointer_1 指向 a、pointer_2 指向 b，如图 9-7 所示。

接着执行 if 语句，由于 a 小于 b，因此执行 swap 函数。注意，实参 pointer_1 和 pointer_2 是指针变量，在函数调用时，将实参变量的值传递给形参变量。采取的依然是“值传递”

方式。因此，虚实结合后，形参 p1 的值为&a，p2 的值为&b。这时 p1 和 pointer_1 指向变量 a，p2 和 pointer_2 指向变量 b，如图 9-8 所示。

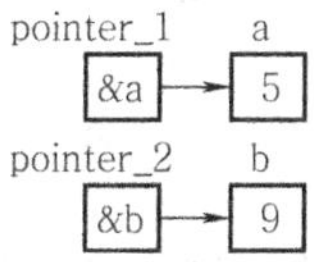


图 9-7

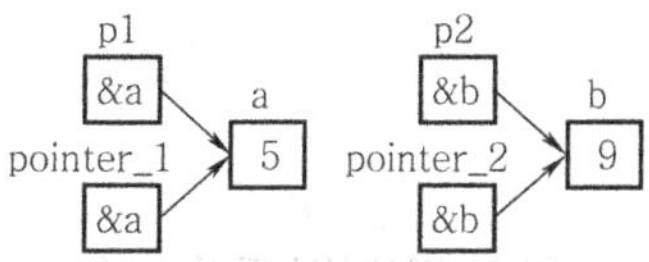


图 9-8

接着执行 swap 函数的函数体，使*p1 和*p2 的值互换，也就是使 a 和 b 的值互换，如图 9-9 所示。

函数调用结束后，p1 和 p2 不复存在（已释放），如图 9-10 所示。

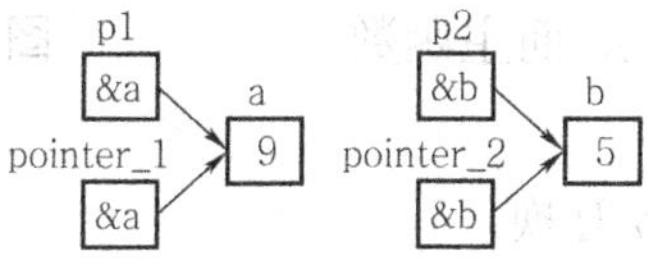


图 9-9

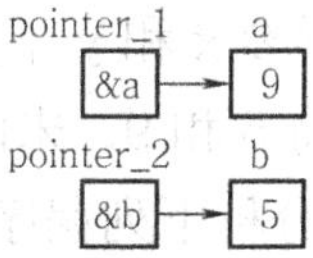


图 9-10

最后，在 main 函数中输出的 a 和 b 的值是已经过交换的值。

请注意交换*p1 和*p2 的值是如何实现的。请找出下列程序段的错误：

```
swap(int *p1,int *p2)
{int *temp;
 *temp=*p1;
 *p1=*p2;
 *p2=temp;
}
```

程序分析：*temp=*p1；语句有问题，因为指针变量 temp 引用以前为赋初值。

**【例 9.6】**请分析下列程序能否实现 a 和 b 互换。

```
#include<stdio.h>
void swap(int x,int y)
{    int t;
     t=x;
     x=y;
     y=t;
}
int main()
{   int a,b;
     scanf("%d,%d",&a,&b);
     if(a<b)
     swap(a,b);
     printf("\n%d,%d\n",a,b);
     return 0;
```

```
}
```

运行结果：

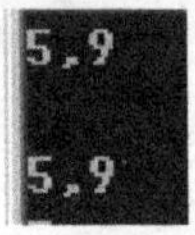


程序分析：从运行结果可以看出，未能实现 a 和 b 的交换。在 main 函数中调用 swap (a,b)时，将实参变量的值传递给形参变量，采取的依然是“值传递”方式，因此虚实结合后形参 x 的值为 5，y 的值为 9，如图 9-11 所示。

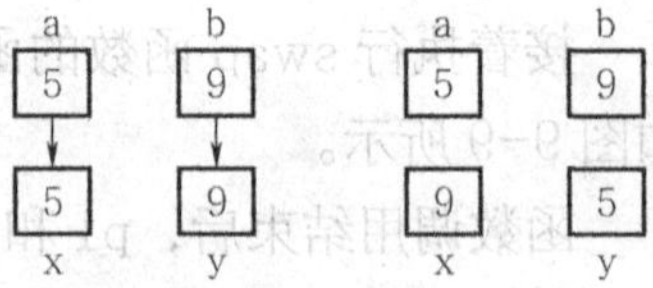


图 9-11

执行 swap 函数形参 x 和 y 的值互换为 5 和 9，但是函数调用结束后，形参 x 和 y 不复存在（已释放），而主函数中的 a 和 b 仍保持 5 和 9，未能实现交换。

【例 9.7】请分析下列程序能否实现 a 和 b 互换。

```
#include<stdio.h>
void swap(int *p1,int *p2)
{     int *p;
      p=p1;
      p1=p2;
      p2=p;
}
int main(){
     int a,b, *pointer_1,*pointer_2;
     scanf("%d,%d",&a,&b);
     pointer_1=&a; pointer_2=&b;
     if(a<b) swap(pointer_1,pointer_2);
     printf("\n%d,%d\n",*pointer_1,*pointer_2);
     return 0;
}
```

运行结果：

程序分析：从运行结果可以看出，未能实现 a 和 b 的交换。在 main 函数中调用 swap (pointer_1, pointer_2)时，将实参变量的值传递给形参变量 p1 和 p2，虚实结合后，形参 p1 指向变量 a，p2 指向变量 b，如图 9-12 所示。

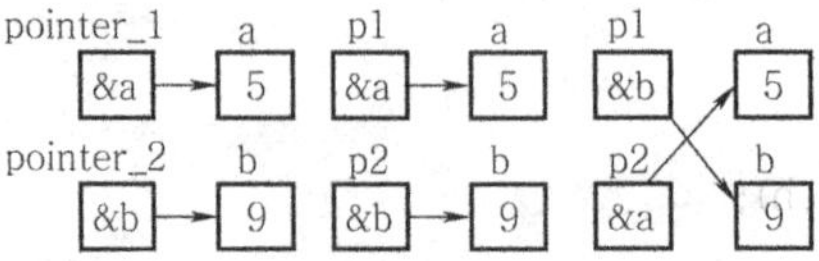


图 9-12

执行 swap 函数，形参 p1 和 p2 的值互换，使得 p1 指向 b，p2 指向 a，仅是指向发生改变，但并未修改变量 a 和 b 的值，函数调用结束后，形参 p1 和 p2 不复存在(已释放)。因此，主函数中的 a 和 b 仍保持 5 和 9，未能实现交换。

## 9.5 本章习题

### 一、选择题

1. 已知变量 a 已定义为 int 型变量，以下定义并初始化指针变量 p 的语句，正确的是________。

   A. int *p=a　　B. int *p=*a　　C. int p=&a　　D. int *p=&a

2. 以下叙述正确的是________。

   A. 数组名实际是此数组的首地址，所以数组名相当于一个指针变量

   B. 若定义数组 a[3]，则*（a+1）与 a[1]表示同一个元素的值

   C. 若定义数组 a[3],则 a++与 a+1 表示同一个元素的值

   D. 某函数的形参为一个数组，则调用此函数时只能将数组名作为对应的实参

3. 有以下定义和赋值语句中，不正确的是________。

   A. char str[] ="I love China!";　　B. char *p ="I love China!";

   C. char str[20];<br>str="I love China!";　　D. char *p;<br>p="I love China!";

4. 有这样的定义 char *p[4];则下面的叙述中正确的是________。

   A. 此定义不正确，C 语言中不允许这样的定义

   B. 此定义不正确，应定义成 char *p;

   C. 此定义正确，p 是指向一维字符数组的指针变量

   D. 此定义正确，p 是指针数

5. 有以下程序（字母 A 的 ASCII 码值是 65）：

```
#include
void fun(char *s)
{   while(*s)
  { if(*s%2) printf("%c",*s
    s++;
  }
}
main()
{ char a[]="BYTE";
  fun(a); printf("\n");
}
```

   程序运行后的输出结果是________。

   A. BY　　B. BT　　C. YT　　D. YE

6. 有以下程序：

```
#include
int fun()
{ static int x=1;
  x*=2;
  return x;
}
main()
{ int i,s=1;
  for(i=1;i<=3;i++) s*=fun();
  printf("%d\n",s);
}
```

程序运行后的输出结果是________。

A. 0　　B. 10　　C. 30　　D. 64

7. 有以下程序：

```
#include
#define S(x) 4*(x)*x+1
main()
{ int k=5,j=2;
  printf("%d\n",S(k+j));
}
```

程序运行后的输出结果是________。

A. 197　　B. 143　　C. 33　　D. 28

8. 以下程序段完全正确的是________。

A. int *p; scanf ( "%d", & p ) ;

B. int *p; scanf ( "%d",p ) ;

C. int k, *p=&k; scanf ( "%d",p ) ;

D. int k, *p:; *p= &k; scanf ( "%d",p ) ;

9. 有定义语句：int *p[4]; 以下选项中与此语句等价的是________。

A. int p[4];　　B. int **p;

C. int * ( p「4」) ;　　D. int ( *p )「4」;

10. 有以下程序：

```
# include<stdio.h>
void f ( int *p ) ;
main()
{int a [ 5 ] = { 1,2,3,4 } , *r=a ;
f(r);printf ( "%d\n" ;* r ) ;
}
void f ( int *p )
{ p=p+3;printf ( "%d," ) ,*p ; }
```

程序运行后的输出结果是________。

A. 1,4　　B. 4,4　　C. 3,1　　D. 4,1

11. 有以下程序

```
# inctude<stdio. h>
# include<stdlib. h>
main()
{ int *a ,*b ,*c ;
a=b=c= (int* ) malloc (sizeof (int)) ;
*a=1;*b=2;*c=3;
a=b;
printf ("%d ,%d, %d\n", *a ,*b ,*c ) ;
}
```

程序运行后的输出结果是________。

A. 3,3,3　　B. 2,2,3　　C. 1,2,3　　D. 1,1,3

12. 下列语句中，正确的是________。

A. char *s ; s="Olympic";　　B. char s [7] ; s="Olympic";

C. char *s ; s= {"Olympic"} ;　　D. char s [7] ; s= {"Olympic"} ;

13. 有以下程序：

```
#include<stdio.h>
void fun (char*c,int d)
{*c=*c+1;d=d+1;
printf( " %c,%c, " ,*c,d);
}
main()
{char b='a',a='A';
fun(&b,a); printf( "%c,%c\n",b,a);
}
```

程序运行后的输出结果是________。

A. b,B,b,A　　B. b,B,B,A

C. a,B,B,a　　D. a,B,a,B

14. 若有定义 int (*pt) [3];,则下列说法正确的是________。

A. 定义了基类型为 int 的三个指针变量

B. 定义了基类型为 int 的具有三个元素的指针数组 pt

C. 定义了一个名为*pt、具有三个元素的整型数组

D. 定义了一个名为 pt 的指针变量，它可以指向每行有三个整数元素的二维数组

15. 设有定义 double a[10],*s=a;, 以下能够代表数组元素 a[3]的是________。

A. (*s) [3]　　B. *(s+3)　　C. *s[3]　　D. *s+3

16. 若有定义语句：int a[4][10],*p,*q[4];且 0≤i<4，则错误的赋值是________。

A. p=a　　B. q[i]=a[i]　　C. p=a[i]　　D. p=&a[2][1]

17. 设有以下函数：

void fun(int n,char *s) {…}

则下面对函数指针的定义和赋值均正确的是________。

A. void (*pf)(); pf=fun;　　B. void *pf(); pf=fun;

C. void *pr(); *pf=fun;　　D. void(*pf)(int,char);pf=&fun;

18. 设有定义：char *c;，以下选项中能够使字符型指针 c 正确指向一个字符串的是________。

A. char str[]="string";c=str;　　B. scanf("%s",c);

C. c=getchar();　　D. *c=*string";

19. 有以下程序：

```
#include   <stdio.h>
#include   <stdlib.h>
int   fun(int   n)
{   int   *p;
    p=(int*)malloc(sizeof(int));
    *p=n;    return   *p;
}
main( )
{   int    a;
    a = fun(10);     printf("%d\n", a+fun(10));
}
```

程序的运行结果是________。

A. 0　　B. 10　　C. 20　　D. 出错

20. 设有如下程序段：

```
char   s[20]=" Beijing", *p;
p=s;
```

则执行 p=s;语句后，以下叙述正确的是________。

A. 可以用*p 表示 s[0]

B. s 数组中元素的个数和 p 所指字符串的长度相等

C. s 和 p 都是指针变量

D. 数组 s 中的内容和指针变量 p 中的内容相同

## 二、填空题

1. 有以下程序，请在________处填写正确语句，使程序可以正常编译运行。

```
#include
main( )
{ double x,y,(*p)();
scanf("%lf%lf",&x,&y);
________
```

```
printf("%f\n",(*p)(x,y));
}
double avg(double a,double b)
{ return((a+b)/2);}
```

2. 以下程序运行后的输出结果是________。

```
#include
#include
#include
main()
{ char *p; int i;
p=(char *)malloc(sizeof(char)*20);
strcpy(p,"welcome");
for(i=6;i>=0;i--) putchar(*(p+i));
printf("\n-"); free(p);
}
```

3. 有以下程序：

```
#include <stdio.h>
main()
{
int [ ]={1,2,3,4,5,6},*k[3],i=0;
while(i<3)
{
k[i]=&a[2*i];
printf("%d",*k[i]);
i++;
}
}
```

程序运行后的输出结果是________。

4. 以下程序的功能是：借助指针变量找出数组元素中的最大值及其元素的下标值。请填空。

```
#include <stdio.h>
main()
{
int a[10],*p,*s;
for(p=a;p-a<10;p++) scanf("%d",p);
for(p=a,s=a;p-a<10;p++) if(*p>*s) s=________;
printf("index=%d\n",s-a);
}
```

5. 以下程序的输出结果是________。

```
#include  <stdio.h>
main()
{  int  j, a[]={1,3,5,7,9,11,13,15},*p=a+5;
      for(j=3;  j;  j--)
      {  switch(j)
         {  case  1:
            case  2:  printf("%d",*p++);  break;
            case  3:  printf("%d",*(--p));
         }
      }
}
```

6. 以下程序的输出结果是________。

```
#include  <stdio.h>
#define  N  5
int  fun(int  *s, int  a, int  n)
{  int  j;
      *s=a;  j=n;
      while(a!=s[j])j--;
      return  j;
}
main()
{  int  s[N+1];   int  k;
   for(k=1; k<=N; k++)  s[k]=k+1;
   printf("%d\n",fun(s,4,N));
}
```

## 三、编程题

1. 用指向指针的指针的方法对 5 个字符串排序并输出。

2. 用指向指针的指针的方法对 n 个整数排序并输出，要求将排序单独写成一个函数。N 个整数在主函数中输入，最后在主函数中输出。

# 第 10 章 结构体

Chapter 10

## 10.1 定义和使用结构体

### 10.1.1 定义结构体的一般形式

在实际问题中，用户的数据往往是由具有不同的数据类型组成的集合。例如，在学生登记表中，姓名应为字符型，学号可为整型或字符型，年龄应为整型，性别应为字符型，成绩可为整型或实型。显然不能用一个数组来存放这一组数据。因为数组中各元素的类型和长度都必须一致，以便于编译系统处理。为了解决这个问题，C 语言中给出了另一种构造数据类型——结构（或叫结构体）。结构是一种构造类型，它是由若干“成员”组成的。每一个成员可以是一个基本数据类型，或者又是一个构造类型。结构是一种“构造”而成的数据类型，那么在说明和使用之前必须先定义它，也就是构造它。如同在说明和调用函数之前要先定义函数一样。

定义一个结构的一般形式如下：

**struct 结构名**

**{成员列表};**

成员列表由若干个成员组成，每一个成员都是该结构的一个组成部分。对每个成员也必须作类型说明，其形式为

**类型说明符　成员名;**

成员名的命名应符合标识符的书写规定。例如：

```
struct stu
{
    int num;
    char name[20];
    char sex;
    float score;
};
```

在这个结构定义中，结构名为 stu，该结构由 4 个成员组成。第一个成员为 num，整

型变量；第二个成员为 name，字符数组；第三个成员为 sex，字符变量；第四个成员为 score，实型变量。注意，在括号后的分号是不可少的。

说明：

1）结构体类型并非只有一种，可以设计出许多种结构体类型，如 struct Teacher、struct Worker、struct Date 等结构体类型各自包含不同的成员。

2）成员可以属于另一个结构体类型。

```
struct Date
{    int month;
     int day;
     int year;
};
struct Stu
{    int num;char name[20];
     char sex;int age;
     struct Date birthday;
     char addr[30];
};
```

### 10.1.2 定义结构体类型变量

结构定义之后，就可以进行变量说明。凡说明为结构 stu 的变量都由上述 4 个成员组成。由此可见，结构是一种复杂的数据类型，是数目固定、类型不同的若干有序变量的集合。说明结构变量有以下三种方法。以上面定义的 stu 为例来加以说明。

1）先声明结构体，再定义结构变量。

例如：

```
struct stu
{
     int num;
     char name[20];
     char sex;
     float score;
};
struct stu boy1,boy2;
```

说明了两个变量 boy1 和 boy2 为 stu 结构类型。

2）在声明结构类型的同时定义结构变量。

例如：

```
struct stu
{
     int num;
     char name[20];
```

```
    char sex;
    float score;
}boy1,boy2;
```

这种形式的说明的一般形式如下：

```
struct 结构名
{
    成员列表
}变量名列表;
```

3）直接声明结构变量。

例如：

```
struct
{
    int num;
    char name[20];
    char sex;
    float score;
}boy1,boy2;
```

这种形式的说明的一般形式如下：

```
struct
{
    成员列表
}变量名列表;
```

第三种方法与第二种方法的区别在于第三种方法中省去了结构名，而直接给出结构变量。三种方法中说明的 boy1,boy2 变量都具有如图 10-1 所示的结构。

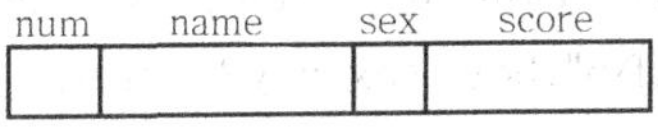


图 10-1

说明了 boy1,boy2 变量为 stu 类型后，即可向这 2 个变量中的各个成员赋值。在上述 stu 结构定义中，所有的成员都是基本数据类型或数组类型。

## 10.1.3 结构体变量的初始化和引用

在程序中使用结构体变量时，往往不把它作为一个整体来使用。在 ANSI C 中除了允许具有相同类型的结构体变量相互赋值以外，一般对结构体变量的使用，包括赋值、输入、输出、运算等都是通过结构体变量的成员来实现的。

表示结构体变量成员的一般形式如下：

**结构体变量名.成员名**

例如：

```
boy1.num        即第一个人的学号
boy2.sex        即第二个人的性别
```

如果成员本身又是一个结构体，则必须逐级找到最低级的成员才能使用。例如：

boy1.birthday.month

即月份成员 month 可以在程序中直接使用。

## 10.1.4 结构体变量的赋值

结构体变量的赋值就是给各成员赋值，可用输入语句或赋值语句来完成。

【例 10.1】给结构体变量赋值并输出其值。

```
#include <stdio.h>
int main()
{
    struct stu
    {
      int num;
      char *name;
      char sex;
      float score;
    } boy1,boy2;
    boy1.num=102;
    boy1.name="Zhang ping";
    printf("input sex and score\n");
    scanf("%c %f",&boy1.sex,&boy1.score);
    boy2=boy1;
    printf("Number=%d\nName=%s\n",boy2.num,boy2.name);
    printf("Sex=%c\nScore=%f\n",boy2.sex,boy2.score);
    return 0;
}
```

本程序中用赋值语句给 num 和 name 两个成员赋值，name 是一个字符串指针变量。用 scanf 函数动态地输入 sex 和 score 成员值，然后把 boy1 的所有成员的值整体赋予 boy2。最后分别输出 boy2 的各个成员值。本例表示了结构体变量的赋值、输入和输出的方法。

## 10.1.5 结构体变量的初始化

和其他类型变量一样，对结构体变量可以在定义时进行初始化赋值。

【例 10.2】对结构体变量初始化。

```
#include <stdio.h>
int main()
{
    struct stu      /*定义结构*/
    {
```

```
        int num;
        char *name;
        char sex;
        float score;
    }boy2,boy1={102,"Zhang ping",'M',78.5};
  boy2=boy1;
  printf("Number=%d\nName=%s\n",boy2.num,boy2.name);
  printf("Sex=%c\nScore=%f\n",boy2.sex,boy2.score);
 return 0;
 }
```

本例中，boy2,boy1 均被定义为外部结构体变量，并对 boy1 作了初始化赋值。在 main 函数中，把 boy1 的值整体赋予 boy2，然后用两个 printf 语句输出 boy2 各成员的值。

## 10.2 使用结构体数组

### 10.2.1 定义结构体数组

数组的元素也可以是结构体类型的，因此可以构成结构型数组。结构体数组的每一个元素都是具有相同结构类型的下标结构变量。在实际应用中，经常用结构体数组来表示具有相同数据结构的一个群体，如一个班的学生档案、一个车间职工的工资表等。

定义结构体数组的方法和定义结构体变量的方法相似，只需说明它为数组类型即可。

**struct 结构体名**

**{成员列表} 数组名[数组长度];**

先声明一个结构体类型，然后再用此类型定义结构体数组：

**结构体类型　数组名[数组长度];**

例如：

```
struct stu
{
    int num;
    char *name;
    char sex;
    float score;
}boy[5];
```

定义了一个结构数组 boy，共有 5 个元素，boy[0] ~ boy[4]。每个数组元素都具有 struct stu 的结构形式。对结构数组可以作初始化赋值。

例如：

```
struct stu
{
```

```
        int num;
        char *name;
        char sex;
        float score;
    }boy[5]={
            {101,"Li ping","M",45},
            {102,"Zhang ping","M",62.5},
            {103,"He fang","F",92.5},
            {104,"Cheng ling","F",87},
            {105,"Wang ming","M",58};
            }
```

当对全部元素作初始化赋值时，也可不给出数组长度。

## 10.2.2 结构体数组的应用举例

【例 10.3】有 n 个学生的信息（包括学号、姓名、成绩），要求按照成绩的高低顺序输出各学生的信息。

**提示：** 用结构体数组存放 n 个学生信息，采用选择法对各元素进行排序（进行比较的是各元素中的成绩）。

```
#include <stdio.h>
struct Student
{ int num; char name[20]; float score;   };
int main()
{ struct Student stu[5]={{10101,"Zhang",78   },
                         {10103,"Wang",98.5},
                         {10106,"Li",        86    },
                         {10108, "Ling",   73.5},
                         {10110, "Fun",    100   }   };
  struct Student temp;
  const int n = 5 ;   int i,j,k;
  printf("The order is:\n");
  for(i=0;i<n-1;i++)
  { k=i;
     for(j=i+1;j<n;j++)
        if(stu[j].score>stu[k].score)   k=j;
     temp=stu[k];
     stu[k]=stu[i];    stu[i]=temp;
   }
   for(i=0;i<n;i++)
     printf("%6d %8s %6.2f\n",
          stu[i].num,stu[i].name,stu[i].score);
   printf("\n");
```

```
    return 0;
}
```

运行结果：

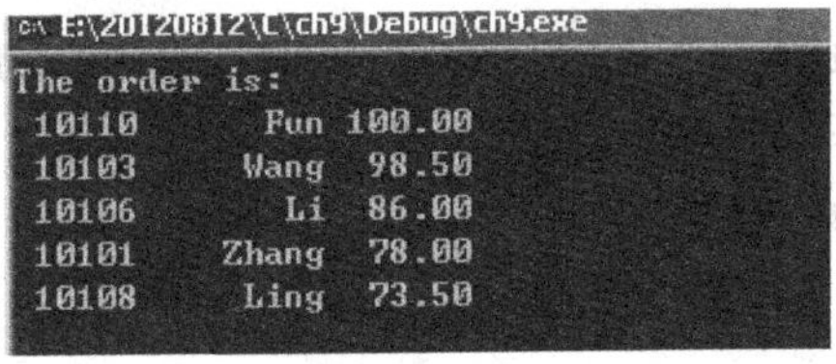


# 10.3 结构指针变量的说明和使用

## 10.3.1 指向结构变量指针

当一个指针变量用来指向一个结构变量时，称为结构指针变量。结构指针变量中的值是所指向的结构变量的首地址。通过结构指针即可访问该结构变量，这与数组指针和函数指针的情况是相同的。

结构指针变量说明的一般形式如下：

**struct 结构名 *结构指针变量名**

例如，在前面的例题中定义了 stu 这个结构，若要说明一个指向 stu 的指针变量 pstu，则可写为

```
struct stu *pstu;
```

当然也可在定义 stu 结构时同时说明 pstu。与前面讨论的各类指针变量相同，结构指针变量也必须先赋值后使用。

赋值是把结构变量的首地址赋予该指针变量，不能把结构名赋予该指针变量。如果 boy 是被说明为 stu 类型的结构变量，则：

```
pstu=&boy
```

是正确的，而：

```
pstu=&stu
```

是错误的。

结构名和结构变量是两个不同的概念，不能混淆。结构名只能表示一个结构形式，编译系统并不对它分配内存空间。只有当某变量被说明为这种类型的结构时，才对该变量分配存储空间。因此上面&stu 这种写法是错误的，不可能去取一个结构名的首地址。有了结构指针变量，就能更方便地访问结构变量的各个成员。

其访问的一般形式如下：

**(*结构指针变量).成员名**

或：

**结构指针变量->成员名**

例如：

(*pstu).num

或者：

pstu->num

注意，(*pstu)两侧的括号不可少，因为成员符“.”的优先级高于“*”。如果去掉括号写作*pstu.num，则等效于*(pstu.num)，这样，意义就完全不对了。

下面通过例子来说明结构指针变量的具体说明和使用方法。

【例 10.4】初始化结构体并输出每个成员。

```
#include <stdio.h>
struct stu
    {
      int num;
      char *name;
      char sex;
      float score;
    } boy1={102,"Zhang ping",'M',78.5},*pstu;
int main()
{
    pstu=&boy1;
    printf("Number=%d\nName=%s\n",boy1.num,boy1.name);
    printf("Sex=%c\nScore=%f\n\n",boy1.sex,boy1.score);
    printf("Number=%d\nName=%s\n",(*pstu).num,(*pstu).name);
    printf("Sex=%c\nScore=%f\n\n",(*pstu).sex,(*pstu).score);
    printf("Number=%d\nName=%s\n",pstu->num,pstu->name);
    printf("Sex=%c\nScore=%f\n\n",pstu->sex,pstu->score);
    return 0;
}
```

本例程序定义了一个结构 stu，定义了 stu 类型结构变量 boy1 并做了初始化赋值，还定义了一个指向 stu 类型结构的指针变量 pstu。在 main 函数中，pstu 被赋予 boy1 的地址，因此 pstu 指向 boy1，然后在 printf 语句内用 3 种形式输出 boy1 的各个成员值。从运行结果可以看出：

结构变量.成员名

(*结构指针变量).成员名

结构指针变量->成员名

这 3 种用于表示结构成员的形式是完全等效的。

### 10.3.2 指向结构数组的指针

指针变量可以指向一个结构数组，这时结构指针变量的值是整个结构数组的首地址。结构指针变量也可指向结构数组的一个元素，这时结构指针变量的值是该结构数组元素的首地址。

设 ps 为指向结构数组的指针变量，则 ps 也指向该结构数组的 0 号元素，ps+1 指向 1

号元素，ps+i 则指向 i 号元素。这与普通数组的情况是一致的。

【例 10.5】用指针变量输出结构数组。

```
#include <stdio.h>
struct stu
{
      int num;
      char *name;
      char sex;
      float score;
}boy[5]={
            {101,"Zhou ping",'M',45},
            {102,"Zhang ping",'M',62.5},
            {103,"Liou fang",'F',92.5},
            {104,"Cheng ling",'F',87},
            {105,"Wang ming",'M',58},
         };
int main()
{
  struct stu *ps;
  printf("No\tName\t\t\tSex\tScore\t\n");
  for(ps=boy;ps<boy+5;ps++)
  printf("%d\t%s\t\t%c\t%f\t\n",ps->num,ps->name,ps->sex,ps->score);
  return 0;
}
```

在程序中，定义了 stu 结构类型的外部数组 boy 并进行了初始化赋值。在 main 函数内定义 ps 为指向 stu 类型的指针。在循环语句 for 的表达式 1 中，ps 被赋予 boy 的首地址，然后循环 5 次，输出 boy 数组中各成员的值。

需要注意的是，一个结构指针变量虽然可以用来访问结构变量或结构数组元素的成员，但是不能使它指向一个成员。也就是说，不允许取一个成员的地址来赋予它。因此，下面的赋值是错误的：

ps=&boy[1].sex;

而只能是：

ps=boy;(赋予数组首地址)

或者是：

ps=&boy[0];(赋予 0 号元素首地址)

## 10.3.3 结构指针变量作函数参数

在 ANSI C 标准中允许用结构变量作函数参数进行整体传送，但是这种传送要将全部成员逐个传送，特别是成员为数组时，将会使传送的时间和空间开销很大，严重地降低了程序的效率。因此，最好的办法就是使用指针，即用指针变量作函数参数进行传送。这时由实参传向形参的只是地址，从而减少了时间和空间的开销。

【例 10.6】计算一组学生的平均成绩和不及格人数。用结构指针变量作函数参数编程。

```
#include <stdio.h>
struct stu
{
    int num;
    char *name;
    char sex;
    float score;}boy[5]={
        {101,"Li ping",'M',45},
        {102,"Zhang ping",'M',62.5},
        {103,"He fang",'F',92.5},
        {104,"Cheng ling",'F',87},
        {105,"Wang ming",'M',58},
      };
main()
{
    struct stu *ps;
    void ave(struct stu *ps);
    ps=boy;
    ave(ps);
}
void ave(struct stu *ps)
{
    int c=0,i;
    float ave,s=0;
    for(i=0;i<5;i++,ps++)
      {
        s+=ps->score;
        if(ps->score<60) c+=1;
      }
    printf("s=%f\n",s);
    ave=s/5;
    printf("average=%f\ncount=%d\n",ave,c);
}
```

本程序中定义了函数 ave，其形参为结构指针变量 ps。boy 被定义为外部结构数组，因此在整个源程序中有效。在 main 函数中定义说明了结构指针变量 ps，并把 boy 的首地址赋予它，使 ps 指向 boy 数组，然后以 ps 作实参调用函数 ave。在函数 ave 中完成计算平均成绩和统计不及格人数的工作并输出结果。

由于本程序全部采用指针变量作运算和处理，因此速度更快，程序效率更高。

## 10.4 类型定义符 typedef

C 语言不仅提供了丰富的数据类型，而且还允许由用户自己定义类型说明符。也就是说，允许由用户为数据类型取“别名”。类型定义符 typedef 即可用来完成此功能。例如，有整型量 a,b,其说明如下：

```
int a,b;
```

其中 int 是整型变量的类型说明符。int 的完整写法为 integer，为了增加程序的可读性，可把整型说明符用 typedef 定义为

```
typedef int INTEGER
```

以后就可用 INTEGER 来代替 int 作整型变量的类型说明了。

例如：

```
INTEGER a,b;
```

等效于：

```
int a,b;
```

用 typedef 定义数组、指针、结构等类型将带来很大的方便，不仅使程序书写简单，而且使意义更为明确，因而增强了可读性。

例如：

typedef char NAME[20];　　表示 NAME 是字符数组类型，数组长度为 20，然后可用 NAME 说明变量，如：

```
NAME a1,a2,s1,s2;
```

完全等效于：

```
char a1[20],a2[20],s1[20],s2[20]
```

又如：

```
typedef struct stu
{ char name[20];
  int age;
  char sex;
      } STU;
```

定义 STU 表示 stu 的结构类型，然后可用 STU 来说明结构变量：

```
STU body1,body2;
```

typedef 定义的一般形式如下：

**typedef 原类型名　新类型名**

其中原类型名中含有定义部分，新类型名一般用大写表示，以便于区别。

有时也可用宏定义来代替 typedef 的功能，但是宏定义是由预处理完成的，而 typedef 是在编译时完成的，后者更为灵活方便。

## 10.5 本章习题

### 一、选择题

1. 在声明一个结构体类型时，系统分配给它的存储空间是________。
   A. 该结构体类型中第一个成员所需要的存储空间
   B. 该结构体类型中最后一个成员所需要的存储空间
   C. 该结构体类型中全部成员所需存储空间的总和
   D. 结构体类型本身并不占用存储空间，即系统并不给结构体类型分配存储空间
2. 在定义一个结构体变量时，系统分配给它的存储空间是________。
   A. 该结构体变量中第一个成员所需要的存储空间
   B. 该结构体变量中最后一个成员所需要的存储空间
   C. 该结构体变量中占用存储空间最大的成员所需的存储空间
   D. 该结构体变量中全部成员所需存储空间的总和
3. 下列说法不正确的是________。
   A. 结构体成员名与程序中其他变量可同名，代表不同的对象
   B. 结构体中的成员可以是一个结构体类型的变量
   C. 结构体中的成员可以单独使用，与普通变量相同
   D. 结构体类型与结构体变量的概念相同
4. 下列说法正确的是________。
   A. 结构体类型的每个成员的数据类型必须是基本类型
   B. 结构体类型的每个成员的数据类型都相同，这一点与数组相同
   C. 在定义结构体类型时，其成员的数据类型不能是结构体类型
   D. 以上说法都不对
5. 设有如下定义：

```
struct data
{  int x;
   int y;
};
struct st
{  char c;
   struct data *p;
}st1,*p1=&st1;
```

以下引用正确的是________。

A. (*p1).p.c;　　　　B. (*p1)->p.x;
C. (*p1)->p->x;　　　D. p1->p->x;

6. 以下关于 typedef 的叙述不正确的是________。
   A. 用 typedef 可以定义各种类型名，但不能用来定义变量

B. 用 typedef 可以增加新类型

C. 用 typedef 定义类型的新类型名一般大写

D. 使用 typedef 便于程序的通用性

7. 设有定义：struct {char mark[12];int num1;double num2;} t1,t2; ，若变量均已正确赋初值，则以下语句中错误的是________。

A. t1=t2;　　B. t2.num1=t1.num1;

C. t2.mark=t1.mark;　　D. t2.num2=t1.num2;

8. 有以下程序：

```
#include
struct ord
{ int x ,  y;}dt[2]={1,2,3,4};
main()
{
struct ord *p=dt;
printf("%d,",++(p->x)); printf("%d\n",++(p->y));
}
```

程序运行后的输出结果是________。

A. 1,2　　B. 4,1　　C. 3,4　　D. 2,3

9. 有以下程序：

```
#include
struct S
{ int a,b;}data[2]={10,100,20,200};
main()
{ struct S p=data[1];
printf("%d\n",++(p.a));
}
```

程序运行后的输出结果是________。

A. 10　　B. 11　　C. 20　　D. 21

10. 若有以下语句：

```
typedef struct S
{ int g; char h; } T;
```

以下叙述中正确的是________。

A. 可用 S 定义结构体变量　　B. 可用 T 定义结构体变量

C. S 是 struct 类型的变量　　D. T 是 struct S 类型的变量

11. 有以下程序：

```
#include <studio.h>
#include <string.h>
struct A
{int a; char b[10];double c;};
void f(struct A t);
```

```
main()
{struct A a={1001, " ZhangDa ",1098.0};
f(a); pringt( " %d,%s,%6.1f\n " ,a.a,a.b,a.c);
}
void f(struct A t)
{t.a=1002;strcpy(t.b, " ChangRong " );t.c=1202.0;}
```

程序运行后的输出结果是________。

A. 1001,ZhangDa,1098.0　　B. 1002,ChangRong,1202.0

C. 1001,ChangRong,1098.0　　D. 1002,ZhangDa,1202.0

12. 有以下定义和语句：

```
struct workers
{int num; char name[20];char c;
srruct
{int day;int month;intyear;} s;
};
struct workers w,*pw;
pw=&w
```

能给 w 中 year 成员赋 1980 的语句是________。

A. *pw.year=1980;　　B. w.year=1980;

C. pw->year=1980;　　D. w.s.year=1980;

13. 下面结构体的定义语句中，错误的是________。

A. struct ord {int x; int y; int z;}; struct ord a;

B. struct ord {int x; int y; int z;} struct ord a;

C. struct ord {int x; int y; int z;}a;

D. struct {int x; int y; int z;} a;

14. 有以下程序：

```
# include <stdio.h>
# include <string.h>
struct A
{   int a; char b[10]; double c;};
struct A f(struct A t);
main()
{ struct A a={1001,"ZhangDa",1098.0};
  a=f(a); printf("%d,%s,%6.1f\n",a.a,a.b,a.c);
}
struct A f(struct A t)
{   t.a=1002; strcpy(t.b,"ChangRong");t.c=1202.0;return t;}
```

程序运行后的输出结果是________。

A. 1001,ZhangDa,1098.0　　B. 1002,ZhangDa,1202.0

C. 1001,ChangRong,1098.0　　D. 1002,ChangRong,1202.0

15. 有以下程序：

```
#include  <stdio.h>
struct  st
{  int  x, y;) data[2]={1,10,2,20};
main()
{  struct  st  *p=data;
      printf("%d,", p->y);       printf("%d\n",(++p)->x);
}
```

程序的运行结果是________。

A. 10,1　　B. 20,1

C. 10,2　　D. 20,2

16. 以下结构体类型说明和变量定义中正确的是________。

A.
```
typedef struct
{ int  n;  char  c;} REC;
REC  t1,t2;
```

B.
```
struct  REC;
{ int  n;  char  c;};
REC  t1,t2;
```

C.
```
typedef struct  REC ;
{ int  n=0;  char  c='A'; } t1, t2;
REC  t1, t2;
```

D.
```
struct
{ int  n;  char  c;} REC;
```

17. 下列关于 typedef 的叙述错误的是________。

A. 用 typedef 可以增加新类型

B. typedef 只是将已存在的类型用一个新的名字来代表

C. 用 typedef 可以为各种类型说明一个新名，但不能用来为变量说明一个新名

D. 用 typedef 为类型说明一个新名，通常可以增加程序的可读性

18. 有下列程序：

```
#include <stdio.h>
struct tt
{ int x;struct tt *y;}*p;
struct tt a[4]={20,a+1,15,a+2,30,a+3,17,a};
main()
{ int i;
p=a;
for(i=1;i<=2;i+ +) {printf("%d,",p->x);p=p->y;}
}
```

程序的运行结果是________。

A. 20,30,　　B. 30,17

C. 15,30,　　D. 20,15,

19. 设有下列定义：

```
union data
{int d1; float d2;}demo;
```

下列叙述中错误的是________。

A. 变量 demo 与成员 d2 所占的内存字节数相同

B. 变量 demo 中各成员的地址相同

C. 变量 demo 和各成员的地址相同

D. 若给 demo.d1 赋 99 后，则 demo.d2 中的值是 99.0

20. 有下列程序段：

```
typedef struct node{int data;   struct node   *next;}*NODE;
NODE p;
```

下列叙述中正确的是________。

A. p 是指向 struct node 结构变量的指针的指针

B. NODE p;语句出错

C. p 是指向 struct node 结构变量的指针

D. p 是 struct node 结构变量

## 二、填空题

1. 若有定义：

```
struct st
{    int x;
     int *y;
}*p;
int a[4]={10,20,30,40};
struct st b[4]={50,&a[0],60,&a[1],60,&a[2],60,&a[3]};
p=b;
```

则表达式++(p->x)的值是_____ 51_____，表达式*(p->y)的值是_____ 10_____。

2. 若有定义：

```
struct   num
  {
     int a; int b; float   f;
  }n={1,3,5.0};
struct num *p=&n;
```

则表达式 p->b/n.a*++p->b 的值是________，表达式(*p).a+p->f 的值是________。

3. 以下程序的正确运行结果是________。

```
#include <stdio.h>
struct ks
{    int a;
     int *b;
}s[4],*p;
void main( )
{    int i,n=1;
     for(i=0;i<4;i++)
       {     s[i].a=n;
             s[i].b=&s[i].a;
```

```
            n=n+2;
        }
        for(i=0;i<4;i++)
            printf("%d ",*(s[i].b));
        printf("\n");
        p=s;
        p++;
        printf("%d,%d\n",(++p)->a,(p++)->a);
    }
```

4. 设有定义：

```
struct person
{   int ID; char name[12];}p;
```

请将 scanf("%d", ________ );语句补充完整，使其能够为结构体变量 p 的成员 ID 正确读入数据。

5. 有以下程序：

```
# include <stdio.h>
typedef  struct
{ int num; double s; } REC;
void funl(REC x) {x.num=23; x.s=88.5;}
main()
{   REC a={16,90.0};
      funl (a);
      printf("%d\n",a.num);
}
```

程序运行后的输出结果是________。

6. 以下程序中函数 fun 的功能是：统计 person 所指结构体数组中所有性别（sex）为 M 的记录的个数，存入变量 n 中，并作为函数值返回。请填空。

```
#include   <stdio.h>
#define    N   3
typedef    struct
{  int   num;  char  nam[10]; char  sex; }  SS;
int  fun(SS  person[])
{  int  i,n=0;
        for(i=0; i<N; i++)
          if( ________  =='M')  n++;
      return  n;
}
main()
{  SS  W[N]={{1, "AA",'F'},{2, "BB",'M'},{3, "CC",'M'}};    int  n;
        n=fun(W);   printf("n=%d\n", n);
}
```

# 第 11 章 文件与输入/输出

Chapter 11

## 11.1 基础知识

用过计算机的人对文件都不会陌生，一首好听的歌曲（扩展名为.mp3）、一篇文章、拍摄的照片或者短片都是以文件的形式存储在计算机里。需要时可以随时打开、编辑或者移动。

### 11.1.1 文件的概念

文件指存储在外部介质上数据的集合。数据是以文件的形式存放在外部介质（硬盘、软盘、磁带机或光盘等）上的。操作系统是以文件为单位对数据进行管理。想找存放在外部介质上的数据，先按照文件名在指定路径下找到所指定的文件，然后再从该文件读数据。要向外部介质上存储数据也必须先建立一个文件（以文件名作为标志），然后才能向它输出数据。

现代流行的操作系统包括 Linux、Windows 和 UNIX，把各种设备都统一作为文件处理。

从操作系统的角度来看，每一个与主机相连的输入/输出设备都可以看作文件。例如，终端键盘是输入文件，显示屏和打印机是输出文件。

文件有不同的类型，在程序设计中，主要用到以下两种文件：

1）程序文件。程序文件包括源程序文件（扩展名为.c）、目标文件（扩展名为.obj）、可执行文件（扩展名为.exe）等。这种文件的内容是程序代码。

2）数据文件。文件的内容不是程序，而是供程序运行时读/写的数据，如在程序运行过程中输出到磁盘（或其他外部设备）的数据，或在程序运行过程中供读入的数据，如一批学生的成绩数据或货物交易的数据等。

本章主要讨论的是数据文件。

输入/输出是数据传送的过程，数据如流水一样从一处流向另一处，因此常将输入/输出形象地称为流（stream），即数据流。流表示了信息从源到目的端的流动。

输入操作时，数据从文件流向计算机内存。输出操作时，数据从计算机流向文件。

无论是用 Word 打开或保存文件，还是 C 程序中的输入/输出都是通过操作系统进行的。

“流”是一个传输通道，数据可以从运行环境流入程序中，或从程序流至运行环境。

从 C 程序的观点来看，无论程序一次读/写一个字符，或一行文字，或一个指定的数据区，作为输入/输出的各种文件或设备都是统一以逻辑数据流的方式出现的。C 语言把文件看作一个字符（或字节）的序列。一个输入/输出流就是一个字符流或字节（内容为二进制数据）流。

C 的数据文件由一连串的字符（或字节）组成，而不考虑行的界限，两行数据间不会自动加分隔符，对文件的存取是以字符（字节）为单位的。输入/输出数据流的开始和结束仅受程序控制，而不受物理符号（如回车换行符）控制，这就增加了处理的灵活性。这种文件称为流式文件。

### 11.1.2 文件标识

文件要有一个唯一的文件标识，以便用户识别和引用。文件标识包括三部分：①文件路径；②文件名；③文件扩展名。

文件路径表示文件在外部存储设备中的位置，如 D:\CC\temp\表示 file1.dat 文件存放在 D 盘中的 CC 目录下的 temp 子目录下面。

文件名的命名为了能够容易地被用户识别，通常要遵循标识符的合法命名规则。

扩展名用来标识文件的性质，一般不超过三个字母，如可执行程序的扩展名.exe、动态链接库扩展名的.dll、纯文本的扩展名.txt 等。

### 11.1.3 文件指针

在C语言中，利用定义在 stdio.h 中的一个结构体 FILE 来标识一个打开的文件。在 C 程序中，定义一个 FILE 类型的指针变量来代表一个被打开的文件，这个指针称为文件指针或文件句柄。通过文件指针就可对它所指的文件进行各种操作。

定义说明文件指针的一般形式如下：

**FILE *指针变量标识符;**

例如：

```
FILE *fp;
```

表示 fp 是指向 FILE 结构的指针变量，通过 fp 即可找到存放某个文件信息的结构变量，然后按结构变量提供的信息找到该文件，实施对文件的操作。习惯上也笼统地把 fp 称为指向一个文件的指针。

## 11.2 文件的打开与关闭

文件在进行读/写操作之前要先打开，使用完毕要关闭。打开文件实际上是建立文件的各种有关信息，并使文件指针指向该文件，以便进行其他操作。关闭文件则断开指针与文件之间的联系，也就是禁止再对该文件进行操作。

在C语言中，文件操作都是由库函数来完成的。本章将介绍主要的文件操作函数。

## 11.2.1 文件打开函数（fopen 函数）

fopen 函数用来打开一个文件，其调用的一般形式如下：

**文件指针名=fopen(文件名, 使用文件方式);**

其中：

文件指针名必须是被说明为 FILE 类型的指针变量。

文件名是被打开文件的文件名。

使用文件方式是指文件的类型和操作要求。

文件名是字符串常量或字符串数组。

例如：

fopen ( "a1","r" ) ;

表示要打开名为“a1”的文件，使用文件方式为“读入”，fopen 函数的返回值是指向 a1 文件的指针。

通常将 fopen 函数的返回值赋给一个指向文件的指针变量。例如：

```
FILE *fp;
fp=fopen("a1","r");
```

这样 fp 和文件 a1 相联系，fp 指向了 a1 文件。

文件的使用方式共有 12 种，它们的符号和意义见表 11-1。

**表 11-1 文件的使用方式及意义**

| 文件的使用方式 | 意义 |
|---|---|
| rt | 只读打开一个文本文件，只允许读数据 |
| wt | 只写打开或建立一个文本文件，只允许写数据 |
| at | 追加打开一个文本文件，并在文件末尾写数据 |
| rb | 只读打开一个二进制文件，只允许读数据 |
| wb | 只写打开或建立一个二进制文件，只允许写数据 |
| ab | 追加打开一个二进制文件，并在文件末尾写数据 |
| rt+ | 读/写打开一个文本文件，允许读和写 |
| wt+ | 读/写打开或建立一个文本文件，允许读/写 |
| at+ | 读/写打开一个文本文件，允许读或在文件末追加数据 |
| rb+ | 读/写打开一个二进制文件，允许读和写 |
| wb+ | 读/写打开或建立一个二进制文件，允许读和写 |
| ab+ | 读/写打开一个二进制文件，允许读或在文件末追加数据 |

对于文件使用方式有以下几点说明：

1）文件使用方式由 r、w、a、t、b、+ 6 个字符拼成，各字符的含义如下：

r(read)：　　读

w(write)：　　写

a(append):　　追加
t(text):　　文本文件，可省略不写
b(banary):　　二进制文件
+:　　读和写

2）凡用“r”打开一个文件时，该文件必须已经存在，且只能从该文件读出。

3）用“w”打开的文件只能向该文件写入。若打开的文件不存在，则以指定的文件名建立该文件；若打开的文件已经存在，则将该文件删除，重建一个新文件。

4）若要向一个已存在的文件追加新的信息，则只能用“a”方式打开文件，此时该文件必须是存在的，否则将会出错。

5）在打开一个文件时，如果出错，则 fopen 将返回一个空指针值 NULL。在程序中可以用这一信息来判别是否完成打开文件的工作，并作相应的处理。因此常用以下程序段打开文件：

```
if((fp=fopen("c:\\hzk16","rb")==NULL)
{
printf("\nerror on open c:\\hzk16 file!");
getch();
exit(1);
}
```

这段程序的意义是，如果返回的指针为空，表示不能打开 C 盘根目录下的 hzk16 文件，则给出提示信息“error on open c:\ hzk16 file!”，下一行 getch()的功能是从键盘输入一个字符，但不在屏幕上显示。在这里，该行的作用是等待，只有当用户从键盘敲任一键时，程序才继续执行，因此用户可利用这个等待时间阅读出错提示。敲键后执行 exit（1）退出程序。

6）把一个文本文件读入内存时，要将 ASCII 码转换成二进制码；把文件以文本方式写入磁盘时，也要把二进制码转换成 ASCII 码，因此文本文件的读/写要花费较多的转换时间。对二进制文件的读/写不存在这种转换。

7）标准输入文件（键盘）、标准输出文件（显示器）、标准出错输出（出错信息）是由系统打开的，可直接使用。

## 11.2.2　文件关闭函数（fclose 函数）

文件一旦使用完毕，就应用关闭文件函数把文件关闭，以避免文件的数据丢失或导致文件不能被其他程序正常使用。

fclose 函数调用的一般形式如下：

```
fclose(文件指针);
```

例如：

```
fclose(fp);
```

正常完成关闭文件操作时，fclose 函数返回值为 0。若返回非零值，则表示有错误发生。

## 11.3 文件的顺序读/写

对文件的读和写是最常用的文件操作。在C语言中，提供了多种文件读/写的函数。

1）字符读/写函数：fgetc 和 fputc。

2）字符串读/写函数：fgets 和 fputs。

3）数据块读/写函数：freed 和 fwrite。

4）格式化读/写函数：fscanf 和 fprinf。

使用以上函数都要求包含头文件 stdio.h。

### 11.3.1 字符读/写函数

字符读/写函数是以字符（字节）为单位的读/写函数。每次可从文件读出或向文件写入一个字符。

#### 1. 读字符函数 fgetc

fgetc 函数的功能是从指定的文件中读一个字符，函数调用的形式如下：

```
字符变量=fgetc(文件指针);
```

例如：

```
ch=fgetc(fp);
```

其意义是从打开的文件 fp 中读取一个字符并送入 ch 中。

对于 fgetc 函数的使用有以下几点说明：

1）在 fgetc 函数调用中，读取的文件必须是以读或读/写方式打开的。

2）读取字符的结果也可以不向字符变量赋值。

例如：

```
fgetc(fp);
```

但是读出的字符不能保存。

3）在文件内部有一个位置指针，用来指向文件的当前读/写字节。在文件打开时，该指针总是指向文件的第一个字节。使用 fgetc 函数后，该位置指针将向后移动一个字节。因此可连续多次使用 fgetc 函数，读取多个字符。注意，文件指针和文件内部的位置指针不是一回事。文件指针是指向整个文件的，需在程序中定义说明，只要不重新赋值，文件指针的值是不变的。文件内部的位置指针用以指示文件内部的当前读/写位置，每读/写一次，该指针均向后移动，它不需在程序中定义说明，而是由系统自动设置的。

#### 2. 写字符函数 fputc

fputc 函数的功能是把一个字符写入指定的文件中，函数调用的形式如下：

```
fputc(字符量,文件指针);
```

其中，待写入的字符量可以是字符常量或变量。例如：

```
fputc('a',fp);
```

其意义是把字符 a 写入 fp 所指向的文件中。

对于 fputc 函数的使用的说明如下：

1）被写入的文件可以用写、读/写、追加方式打开，用写或读/写方式打开一个已存在的文件时将清除原有的文件内容，写入字符从文件首开始。如果需保留原有文件内容，希望写入的字符以文件末开始存放，则必须以追加方式打开文件。被写入的文件若不存在，则创建该文件。

2）每写入一个字符，文件内部位置指针向后移动一个字节。

3）fputc 函数有一个返回值，若写入成功，则返回写入的字符，否则返回一个 EOF。可用此来判断写入是否成功。

**【例 11.1】**从键盘输入一些字符，逐个把它们送到磁盘上去，直到用户输入一个“#”为止。

解题思路：

用 fgetc 函数从键盘逐个输入字符，然后用 fputc 函数写到磁盘文件即可。

代码：

```
#include <stdio.h>
#include <stdlib.h>
int main( )
{ FILE *fp;
    char ch,filename[10];
    printf("请输入所有的文件名：");
    scanf("%s",filename);
    if((fp=fopen(filename,"w"))==NULL)
    {   printf("无法打开此文件\n");
        exit(0);
    }
    getchar( ); //消化最后的回车符
    printf("请输入一个字符串(以#结束)：");
    ch=getchar( );
    while(ch!='#')
      {  fputc(ch,fp);
         putchar(ch);
         ch=getchar();
      }
    putchar('\n');//显示字符串后换行
    fclose(fp);
    return 0;
}
```

程序分析：

1）用来存储数据的文件名可以在 fopen 函数中直接写成字符串常量，也可以由用户在运行时临时指定。本程序采用从键盘输入文件名的方式。

2）用 fopen 函数只写打开（“W”代表只写不读方式），并将其赋值给 fp 变量，如果失败（返回 NULL），则调用 exit 函数退出。

3）调用 getc 接收用户输入。每次接收一个字符，“#”代表结束。

4）while 循环：检查接收字符是否为“#”，如果不是“#”，则将读入字符写入文件 fp 中，并输出到屏幕，再读入下一个字符。

5）否则，关闭文件退出程序。

**【例 11.2】**将一个磁盘文件中的信息复制到另一个磁盘文件中。现在要求将上例建立的 file1.dat 文件中的内容复制到另一个磁盘文件 file2.dat 中。

解体思路：

处理此问题的算法是：从 file1.dat 文件中逐个读入字符，然后逐个输出到 file2.dat 中。

代码如下：

```
#include <stdio.h>
#include <stdlib.h>
int main()
{ FILE *in,*out;
   char  ch,infile[10],outfile[10];
   printf("输入读入文件的名字:");
   scanf("%s",infile);
   printf("输入输出文件的名字:");
   scanf("%s",outfile);
   if((in=fopen(infile,"r"))==NULL)
   {printf("无法打开此文件\n"); exit(0);}
   if((out=fopen(outfile,"w"))==NULL)
   {printf("无法打开此文件\n"); exit(0); }
   while(!feof(in))
   {    ch=fgetc(in);
        fputc(ch,out);
        putchar(ch);
   }
   putchar(10);
   fclose(in);
   fclose(out);
   return 0;
}
```

## 11.3.2 字符串读/写函数

### 1. 读字符串函数 fgets

fgets 函数的功能是从指定的文件中读一个字符串到字符数组中，函数调用的形式如下：

```
fgets(字符数组名, n, 文件指针);
```

其中的 n 是一个正整数。表示从文件中读出的字符串不超过 n-1 个字符。在读入的最后一个字符后加上串结束标志'\0'。

例如：

fgets(str,n,fp);

的意义是从 fp 所指的文件中读出 n-1 个字符送入字符数组 str 中。

### 2. 写字符串函数 fputs

fputs 函数的功能是向指定的文件写入一个字符串，其调用形式如下：

**fputs（字符串，文件指针）；**

其中，字符串可以是字符串常量，也可以是字符数组名或指针变量。例如：

fputs ( "abcd", fp );

其意义是把字符串“abcd”写入 fp 所指的文件之中。

【例 11.3】从键盘读入若干个字符串，对它们按字母大小的顺序排序，然后把排好序的字符串送到磁盘文件中保存。

解题思路：

①从键盘读入 n 个字符串，存放在一个二维字符数组中，每一个一维数组存放一个字符串；②对字符数组中的 n 个字符串按字母顺序排序，排好序的字符串仍存放在字符数组中；③将字符数组中的字符串顺序输出。

代码如下：

```
#include <stdio.h>
#include <stdlib.h>
#include <string.h>
int main( )
{ FILE *fp;
   char   str[3][10],temp[10];
   int i,j,k,n=3;
   printf("Enter strings:\n");
   for(i=0;i<n;i++)
     gets(str[i]);
     for(i=0;i<n-1;i++)
     { k=i;
        for(j=i+1;j<n;j++)
          if(strcmp(str[k],str[j])>0) k=j;
        if(k!=i)
          { strcpy(temp,str[i]);
             strcpy(str[i],str[k]);
             strcpy(str[k],temp);}
        }
     if((fp=fopen("D:\\CC\\string.dat","w"))==NULL) //打开文件
   {printf("can't open file!\n"); exit(0);}
```

```
    printf("\nThe new sequence:\n");
    for(i=0;i<n;i++)
      { fputs(str[i],fp);
        fputs("\n",fp);
          printf("%s\n",str[i]);
      }
   return 0;
}
```

程序分析：

1）调用 gets 读入字符串，为了简单，只接收输入三个字符串，每个不超过 10 个字符。

2）用选择法对所有的字符串进行排序。

3）打开文件 string.dat。

4）调用 fputs 将所有的字符串输出到文件。

5）关闭文件，退出程序。

思考：

从文件 string.dat 中读回字符串并在屏幕上显示，应如何编写程序？

## 11.3.3 数据块读/写函数

C 语言还提供了用于整块数据的读/写函数，可用来读/写一组数据，如一个数组元素、一个结构变量的值等。

读数据块函数调用的一般形式如下：

```
fread(buffer,size,count,fp);
```

写数据块函数调用的一般形式如下：

```
fwrite(buffer,size,count,fp);
```

其中：

buffer 是一个指针，在 fread 函数中，它表示存放输入数据的首地址。在 fwrite 函数中，它表示存放输出数据的首地址。

size 表示数据块的字节数。

count 表示要读/写的数据块块数。

fp 表示文件指针。

例如：

```
fread(fa,4,5,fp);
```

其意义是从 fp 所指的文件中，每次读 4 个字节（一个实数）送入实数组 fa 中，连续读 5 次，即读 5 个实数到 fa 中。

## 11.3.4 格式化读/写函数

格式化读/写函数 fscanf 函数和 fprintf 函数与前面使用的 scanf 函数和 printf 函数的

功能相似。两者的区别在于，fscanf 函数和 fprintf 函数的读/写对象不是键盘和显示器，而是磁盘文件。

这两个函数的调用格式如下：

```
fscanf(文件指针,格式字符串,输入列表);
fprintf(文件指针,格式字符串,输出列表);
```

例如：

```
fscanf(fp,"%d%s",&i,s);
fprintf(fp,"%d%c",j,ch);
```

# 11.4 文件的随机读/写

对文件进行顺序读/写比较容易理解，也容易操作，但有时效率不高，即读/写文件只能从头开始，顺序读/写各个数据。在实际问题中，常要求只读/写文件中某一指定的部分。为了解决这个问题，可移动文件内部的位置指针到需要读/写的位置，再进行读/写，这种读/写称为随机读/写。随机访问不是按数据在文件中的物理位置次序进行读/写，而是可以对任何位置上的数据进行访问，显然这种方法比顺序访问效率高得多。

实现随机读/写的关键是要按要求移动位置指针，这称为文件的定位。

## 11.4.1 文件位置标记及定位

为了对读/写进行控制，系统为每个文件设置了一个文件读/写位置标记（简称文件标记），用来指示"接下来要读/写的下一个字符的位置"，简称文件位置标记。

一般情况下，在对字符文件进行顺序读/写时，文件标记指向文件开头，进行读的操作时，就读第一个字符，然后文件标记向后移一个位置，在下一次读操作时，就将位置标记指向的第二个字符读入。依此类推，直到遇文件尾，结束，如图 11-1 所示。根据读/写的需要，人为地移动了文件标记的位置。文件标记可以向前移、向后移，移到文件头或文件尾，然后对该位置进行读/写——随机读/写。随机读/写可以在任何位置写入数据，在任何位置读取数据。

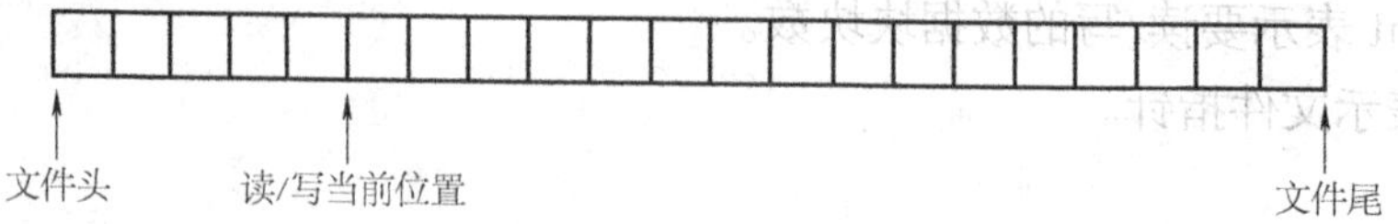


图 11-1

如果是顺序写文件，则每写完一个数据后，文件标记顺序向后移一个位置，然后在下一次执行写操作时把数据写入指针所指的位置。直到把全部数据写完，此时文件位置标记在最后一个数据之后。

移动文件内部位置指针的函数主要有以下两个：rewind 函数和 fseek 函数。

rewind 函数前面已多次使用过，其调用形式如下：

```
rewind(文件指针);
```

它的功能是把文件内部的位置指针移到文件首。

fseek 函数用来移动文件内部位置指针，其调用形式如下：

**fseek(文件指针,位移量,起始点);**

其中：

文件指针指向被移动的文件。

位移量表示移动的字节数,要求位移量是 long 型数据,以便在文件长度大于 64KB 时不会出错。当用常量表示位移量时，要求加后缀“L”。

起始点表示从何处开始计算位移量，规定的起始点有以下 3 种：文件首、当前位置和文件尾。

起始点的表示方法见表 11-2。

**表 11-2 起始点的表示方法**

| 起始点 | 表示符号 | 数字表示 |
|---|---|---|
| 文件首 | SEEK_SET | 0 |
| 当前位置 | SEEK_CUR | 1 |
| 文件末尾 | SEEK_END | 2 |

例如：

```
fseek(fp,100L,0);
```

其意义是把位置指针移到离文件首 100 个字节处。

fseek 函数一般用于二进制文件。在文本文件中由于要进行转换，因此往往计算的位置会出现错误。

## 11.4.2 文件的随机读/写

在移动位置指针之后，即可用前面介绍的任一种读/写函数进行读/写。由于一般是读/写一个数据块，因此常用 fread 函数和 fwrite 函数。

下面举例来说明文件的随机读/写。

**【例 11.4】**在学生文件 stu_list 中读出第二个学生的数据。

```
#include<stdio.h>
struct stu
{
  char name[10];
  int num;
  int age;
  char addr[15];
}boy,*qq;
int main()
{
  FILE *fp;
```

```
    char ch;
    int i=1;
    qq=&boy;
    if((fp=fopen("stu_list","rb"))==NULL)
    {
      printf("Cannot open file strike any key exit!");
      getch();
      exit(1);
    }
    rewind(fp);
    fseek(fp,i*sizeof(struct stu),0);
    fread(qq,sizeof(struct stu),1,fp);
    printf("\n\nname\tnumber      age      addr\n");
    printf("%s\t%5d  %7d      %s\n",qq->name,qq->num,qq->age,
            qq->addr);
  return 0;
  }
```

## 11.5 文件检测函数

C 语言中的文件检测函数用来检测当前打开的文件状态。

### 11.5.1 文件结束检测函数（feof 函数）

文件结束检测函数的调用格式如下：

`feof(文件指针);`

功能：判断文件是否处于文件结束位置，若文件结束，则返回值为 1，否则为 0。

### 11.5.2 读/写文件出错检测函数（ferror 函数）

ferror 函数的调用格式如下：

`ferror(文件指针);`

功能：检查文件在用各种输入/输出函数进行读/写时是否出错。若 ferror 返回值为 0，则表示未出错，否则表示有错。

### 11.5.3 文件出错标志和文件结束标志置 0 函数（clearerr 函数）

clearerr 函数的调用格式如下：

`clearerr(文件指针);`

功能：clearerr 函数用于清除出错标志和文件结束标志，使它们为 0 值。

## 11.6 本章习题

### 一、选择题

1. 设 fp 已定义，执行语句 fp=fopen ( "file","w" ) ;后，以下针对文本文件 file 操作叙述的选项中正确的是_____。

A. 写操作结束后可以从头开始读　　B. 只能写不能读

C. 可以在原有内容后追加写　　D. 可以随意读和写

2. 以下程序运行后的输出结果是_____。

```
#include
main()
{ FILE *fp; int x[6]={1,2,3,4,5,6},i;
fp=fopen("test.dat","wb");
fwrite(x,sizeof(int),3,fp);
rewind(fp);
fread(x,sizeof(int),3,fp);
for(i=0;i<6;i++) printf("%d",x[i]);
printf("\n");
fclose(fp);
}
```

A. 456456　　B. 123456

C. 321456　　D. 以上均不正确

3. 有以下程序：

```
#include<stdio.h>
main()
{ FILE *fp;char str[10];
fp=fopen( " myfile.dat " , " w " );
fputs( " abc " ,fp); fclose(fp);
fp=fopen( " myfile.dat " , " a+ " );
rewind(fp, " gd " ,28);
rewind(fp);
fscanf(fp, " gs " ,str); puts(str);
fclose(fp);
}
```

程序运行后的输出结果是_____。

A. abc　　B. 28c　　C. abc28　　D. 因类型不一致而出错

4. 下列关于 C 语言文件的叙述中正确的是_____。

A. 文件由一系列数据依次排列组成，只能构成二进制文件

B. 文件由结构序列组成，可以构成二进制文件或文本文件

C. 文件由数据序列组成，可以构成二进制文件或文本文件

D. 文件由字符序列组成，其类型只能是文本文件

5. 有以下程序：

```
#include  <stdio.h>
main()
{  FILE  *pf;
       char  *s1="China",*s2="Beijing";
   pf=fopen("abc.dat","wb+");
       fwrite(s2,7,1,pf);
       rewind(pf);      /*文件位置指针回到文件开头*/
       fwrite(s1,5,1,pf);
       fclose(pf);
}
```

以上程序执行后，abc.dat 文件的内容是_____。

A. China　　B. Chinang　　C. ChinaBeijing　D. BeijingChina

6. 以下叙述中错误的是_____。

A. gets 函数用于从终端读入字符串

B. getchar 函数用于从磁盘文件读入字符

C. fputs 函数用于把字符串输出到文件

D. fwrite 函数用于以二进制形式输出数据到文件

7. 有以下程序：

```
#include  <stdio.h>
main ()
{
        FILE *fp; int a[10]={1,2,3},i,n;
        fp=fopen("d1.dat","w");
        for(i=0;i<3;i++) fprintf(fp,"%d",a[i]);
        fprintf(fp,"\n");
        fclose(fp);
        fp=open("d1.dat","r");
        fscanf(fp,"%d",&n);
        fclose(fp);
        printf("%d\n",n);
 }
```

程序的运行结果是_____。

A. 12300　　B. 123　　C. 1　　D. 321

8. 读取二进制文件的函数调用形式为 fread( buffer, size, count, fp );，其中 buffer 代表的是_____。

A. 一个文件指针，指向待读取的文件

B. 一个整型变量，代表待读取的数据的字节数

C. 一个内存块的首地址，代表读入数据存放的地址

D. 一个内存块的字节数

9. 有下列程序：

```
#include <stdio.h>
main( )
{ FILE *fp; int a[10]={1,2,3,0,0},i;
fp=fopen("d2.dat","wb");
fwtite(a,sizeof(int),5,fp);
fwrite(a,sizeof(int),5,fp);
fclose(fp);
fp=fopen("d2.dat","rb");
fread(a,sizeof(int),10,fp);
fclose(fp);
for(i=0;i<10;i+ +) printf("%d",a[i] );
}
```

程序的运行结果是______。

A. 1，2，3，0，0，0，0，0，0，0，

B. 1，2，3，1，2，3，0，0，0，0，

C. 123，0，0，0，0，123，0，0，0，0，

D. 1，2，3，0，0，1，2，3，0，0，

10. 有下列程序：

```
#include<stdio.h>
main( )
{ FILE  *fp;int k,n,a[6]={1,2,3,4,5,6};
fp=fopen("d2.dat","w");
fprintf(fp,"%d%d%d\n",a[0],a[1],a[2]);
fprintf(fp,"%d%d%d\n",a[3],a[4],a[5]);
fclose(fp);
fp=fopen("d2.dat","r");
fscanf(fp,"%d%d",&k,&n);printf("%d%d\n",k,n);
fclose(fp);
}
```

程序运行后的输出结果是______。

A. 12　　B. 14　　C. 1234　　D. 123456

11. 执行下列程序后，test.txt 文件的内容是（若文件能正常打开）______。

```
#include <stdio.h>
main( )
{ FILE *fp;
char *s1="Fortran",*s2="Basic";
if((fp=fopen("test.txt","wb"))= =NULL)
{printf("Can't open test.txt file\n");exit(1);}
```

```
fwrite(s1,7,1,fp);      /*把从地址 s1 开始的 7 个字符写到 fp 所指文件中*/
fseek(fp,0L,SEEK_SET);   /*文件位置指针移到文件开头*/
fwrite(s2,5,1,fp);
fclose(fp);
}
```

A. Basican　　B. BasicFortran　　C. Basic　　D. FortranBasic

## 二、填空题

1. 以下程序从名为 filea.dat 的文本文件中逐个读入字符并显示在屏幕上。请填空。

```
#include  <stdio.h>
main()
{ FILE  *fp;  char  ch;
fp = fopen(  ________  );
ch = fgetc(fp);
while (!feof(fp))  {   putchar(ch);  ch=fgetc(fp);  }
putchar("\n");  fclose(fp);
}
```

2. 设有定义：FILE *fw;，请将以下打开文件的语句补充完整，以便可以向文本文件 readme.txt 的最后续写内容。

```
fw=fopen("readme.txt",  ________  );
```

3. 有下列程序，其功能是：以二进制“写”方式打开文件 d1.dat，写入 1～100 这 100 个整数后关闭文件，再以二进制“读”方式打开文件 d1.dat，将这 100 个整数读入到另一个数组 b 中，并打印输出。请填空。

```
#include <stdio.h>
main()
{ FILE*fp;
int i,a[100],b[100];
fp=fopen("d1.dat", "wb");
for(i=0;i<100;i+ +), a[i]=i+1;
fwrite(a,sizeof(int),100,fp);
fclose(fp);
fp=fopen("d1.dat",  ________  );
fread(b,sizeof(int),100,fp);
fclose(fp);
for(i=0;i<100;i+ +)    printf ("%d\n",b[i]);
}
```

# 第 12 章 综合实训

Chapter 12

C 语言的生命力主要体现在底层开发和应用上。本章将编写出一个实用的程序，实现学生成绩进行有效的信息管理。

## 12.1 系统分析与设计

### 12.1.1 系统需求分析

本系统从实际出发，充分考虑了学生信息、成绩统计需求，为应用 C 语言进行程序设计和开发进行了有效的尝试。

### 12.1.2 系统功能设计

本系统功能设计是一个小型学生成绩管理系统。本系统的基本功能结构：学生成绩输入功能、学生成绩保存功能、学生成绩统计功能、学生成绩输出功能和学生成绩导入功能。系统功能结构图如图 12-1 所示。

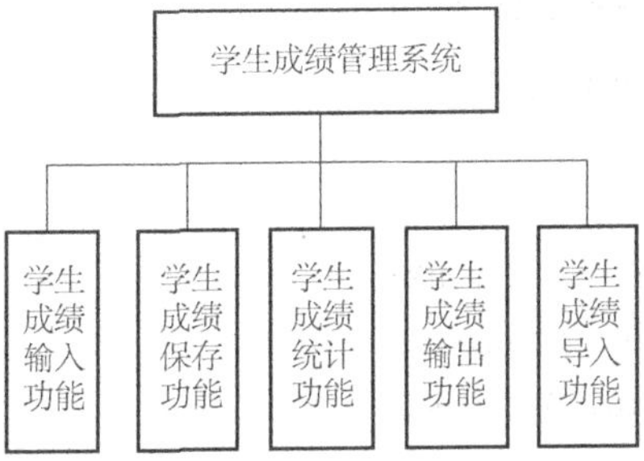


图 12-1

## 12.2 系统开发与实现

### 12.2.1 系统登录主界面

本学生成绩管理系统登录界面简洁实用，具有较好的交互性。本系统登录主界面包含

6 个子功能菜单：输入学生成绩、保存学生成绩、导入学生成绩、排序学生成绩、输出学生成绩和退出系统，如图 12-2 所示。

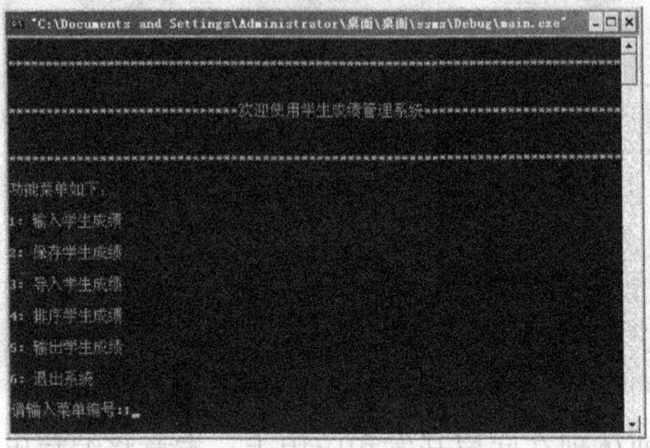


图　12-2

主界面的代码如下：

```
void main()
{    int menu;
       while(1)
     {  printf("\n********************************************\n");
        printf("\n*********欢迎使用学生成绩管理系统************\n");
        printf("\n********************************************\n");
        printf("功能菜单如下：\n");
         printf("\n1：输入学生成绩\n");
         printf("\n2：保存学生成绩\n");
         printf("\n3：导入学生成绩\n");
         printf("\n4：排序学生成绩\n");
         printf("\n5：输出学生成绩\n");
         printf("\n6：退出系统\n");
           printf("\n 请输入菜单编号:");
           scanf("%d",&menu);
           system("cls");
          switch(menu)
           {   case 1：input(stu,N);break;
               case 2：save(stu,N);break;
               case 3：load(stu,N);break;
               case 4：sort(stu,N);break;
               case 5：output(stu,N);break;
               default:exit(0);
           }
           pause();
           system("cls");
       }
}
```

### 12.2.2 学生成绩输入界面

本学生成绩输入模块可以完成一个学生信息的输入。该学生信息包括学号、姓名和三门课的成绩。学生成绩输入界面如图 12-3 所示。

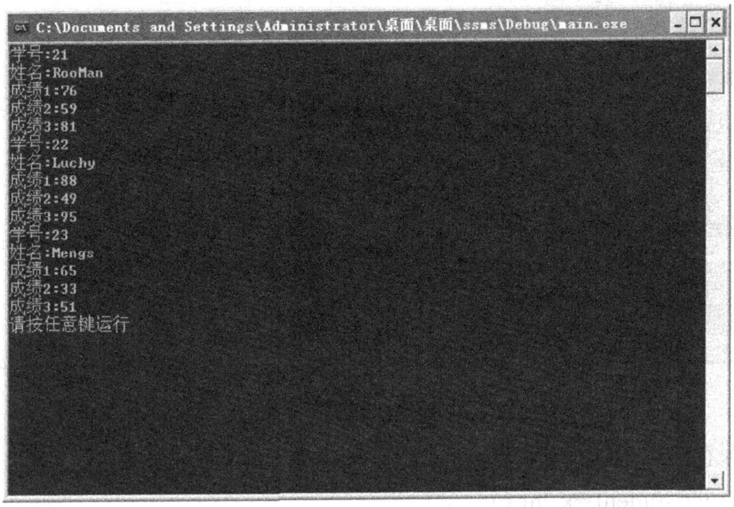
C:\Documents and Settings\Administrator\桌面\桌面\ssms\Debug\main.exe
学号:21
姓名:RooMan
成绩1:76
成绩2:59
成绩3:81
学号:22
姓名:Luchy
成绩1:88
成绩2:49
成绩3:95
学号:23
姓名:Mengs
成绩1:65
成绩2:33
成绩3:51
请按任意键运行

图 12-3

学生成绩输入界面的代码如下：

```
void input(struct student *x,int n)
{       struct student *p;
        for(p=x;p<x+n;p++)
        {     printf("学号:");scanf("%d",&(p->num));
              printf("姓名:");scanf("%s",p->name);
              printf("成绩1:");scanf("%d",&(p->score[0]));
              printf("成绩2:");scanf("%d",&(p->score[1]));
              printf("成绩3:");scanf("%d",&(p->score[2]));
                p->score[3]=(p->score[0]+p->score[1]+p->score[2])/3;
                system("cls");
        }
}
```

### 12.2.3 学生成绩保存界面

学生成绩保存模块可以实现将学生的输入信息以文件形式保存在磁盘上，如图 12-4 和图 12-5 所示。

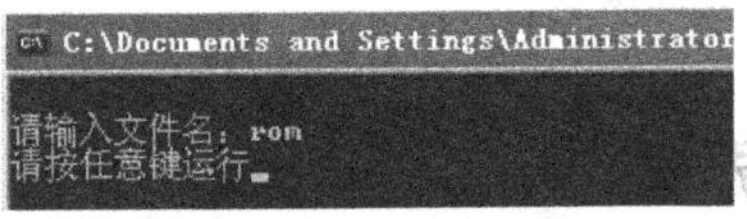
C:\Documents and Settings\Administrator
请输入文件名：rom
请按任意键运行

图 12-4

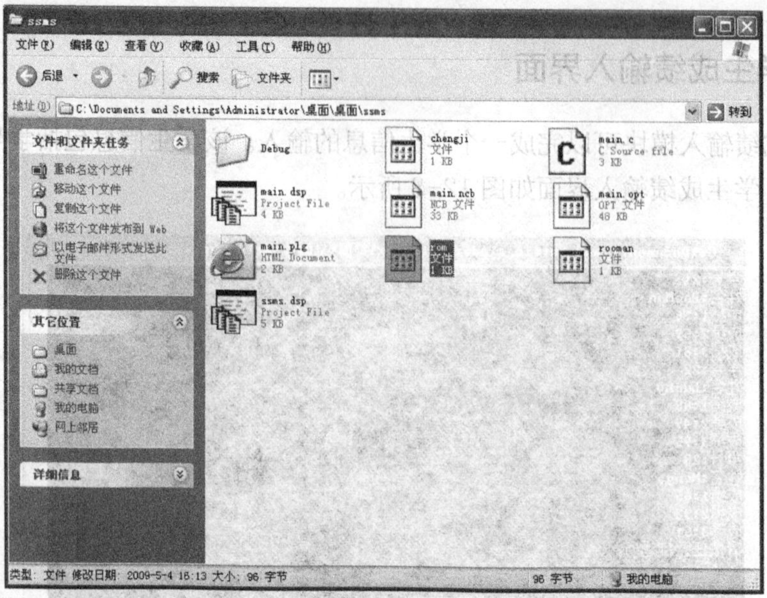


图 12-5

学生成绩保存界面的代码如下：

```
void save(struct student *x,int n)
{
    struct student *p;
    char filename[1024];
    FILE *fp;
    do{
        printf("\n 请输入文件名：");
        scanf("%s",filename);
    }while(strlen(filename)==0);
    if((fp=fopen(filename,"wb"))==NULL)
    {
        printf("can not open file!");
        return;
    }
    for(p=x;p<x+n;p++)
        if(fwrite(p,sizeof(struct student),1,fp)!=1)
            printf("file write error!");
    fclose(fp);
}
```

## 12.2.4 学生成绩输出界面

学生成绩输出模块可以完成一个学生基本信息的输出。该学生信息包括学号、姓名、三门课的成绩，如图 12-6 所示。

C:\Documents and Settings\Administrator\桌面\桌面\ssms\Debug\main.exe
21 RooMan 76 59 81 72
22 Luchy 88 49 95 77
23 Mengs 65 33 51 49
请按任意键运行

图 12-6

```
void output(struct student *x,int n)
{
        struct student *p;
        for(p=x;p<x+n;p++)
        printf("%d  %s  %d  %d  %d
%d\n",p->num,p->name,p->score[0],p->score[1],p->score[2],p->score[3]);

}
```

## 12.2.5 学生成绩统计界面

学生成绩统计模块实现将学生成绩按平均分排序，如图 12-7 所示。

C:\Documents and Settings\Administrator\桌面\桌面\ssms\Debug\main.exe
23 Mengs 65 33 51 49
21 RooMan 76 59 81 72
22 Luchy 88 49 95 77
请按任意键运行

图 12-7

学生成绩统计界面的代码如下：

```
void sort(struct student *x,int n)
{
    struct student t;
    int i,j;
    for(i=0;i<n-1;i++)
    {   for(j=0;j<n-1-i;j++)
            if((x[j].score[3])>(x[j+1].score[3]))
            {
               t=x[j];
              x[j]=x[j+1];
               x[j+1]=t;
            }
    }
}
```

# 12.3 系统测试及运行

## 12.3.1 测试方案

进行系统测试主要有以下两种方法：静态测试和动态测试。这里主要采用动态测试的方法。动态测试是通过运行程序来检验软件的动态特性和运行结果的正确性，并根据程序的运行过程对程序进行评价的过程。动态测试包括运行、解释和模拟。

动态测试主要使用以界面为基础的测试。以界面为基础的测试仅依靠系统与其运行环境之间的界面来选择和产生测试数据，而不管系统的具体需求和具体实现细节。动态测试内容包括系统输入、输出数据的类型、取值范围以及取值的概率分布等。

### 12.3.2 测试项目

该测试计划主要包括以下内容：

1）学生成绩输入功能。

2）学生成绩保存功能。

3）学生成绩导入功能。

4）学生成绩统计功能。

5）学生成绩输出功能。

# 附　录

## 附录 A　开发环境简介和使用

本书上机实习和考试都是使用 Visual C++ 6.0 这个版本。Visual C++ 6.0（以后简称 VC）是 Microsoft 公司推出的可视化开发环境 Developer Studio 下的一个组件，提供了一个集程序创建、编辑、编译、调试等诸多工作于一体的集成开发环境（IDE）。VC 集成开发环境功能强大，不仅提供了大量的向导（Wizard），还有完备的帮助功能（MSDN）。所以，初学者学习 C 语言编程，并不需要全面了解开发环境的全部功能。用户可以在安装 VC 时选择完全安装 MSDN，然后在遇到问题时再去查阅 MSDN 中的相关说明。

### 1. VC 基本介绍

通过“开始”菜单或桌面快捷方式启动 Visual C++进入集成开发环境，如图 A-1 所示。

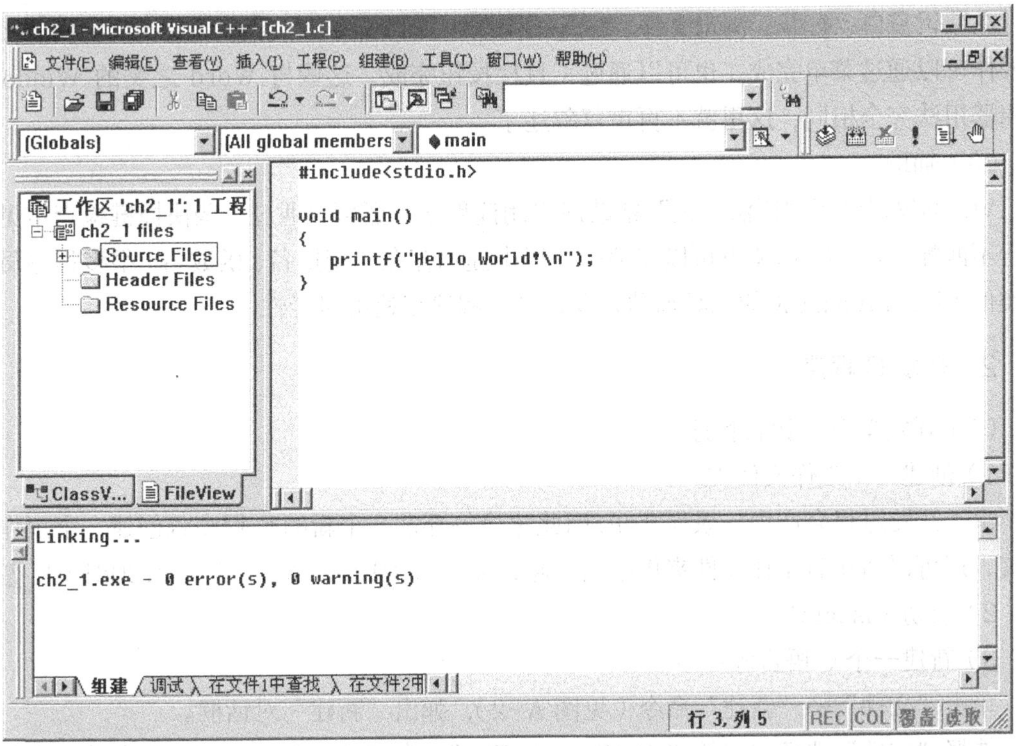


图　A-1

与大多数的 Windows 应用程序一样，Visual C++界面的最上面是菜单，然后是工具栏，中间是工作区（左侧窗口是项目工作区，C 程序员可以在 ClassView 页的 Globals 全局选项里查看到正在开发的全局变量和全局函数，右侧窗口是编辑窗口，可以同时对多个文档进行编辑）。最下面状态栏上面的窗口是输出窗口，主要用于显示编译、链接信息和错误提示，用户可以双击错误提示行，VC 会在编辑窗口内打开出错代码所在的源程序文件，并将光标快速定位到出错行上。在编辑窗口内输入、编辑程序源代码时，源代码会显示“语法着色”。在默认情况下，代码为黑色，夹以绿色的注释和蓝色的关键字（指 VC 所保留的 public、private、new 和 int 等）。用户还可以通过 Tools 菜单下的 Options 对话框中的 Format 选项卡进一步设置指定颜色。

（1）项目

开发一个应用程序，往往会有很多源程序文件、菜单、图标、图片等资源，VC 通过“项目”管理上述资源。所以，在开始开发 C 程序时，用户就要在一个指定文件夹内创建一个以.DSW 为扩展名的项目工作区文件，包含项目中所有文件的名称、文件所在目录、编译器和连接器的选项以及项目工作的其他信息。此外，还有以.DSP 为扩展名的项目记录文件，以.OPT 为扩展名的工作区选项文件（包含 Developer Studio 的所有个人设置，包括颜色、字体、工具栏、哪个文件被打开以及 MDI 窗口如何被定位和最新调试中的断点）等。在打开项目工作区文件时，其他文件随即会自动打开。在此文件夹下还会创建 Res（资源）、Debug（调试）、Release（发行）等子文件夹。

（2）编辑

在编辑窗口，打开、浏览文件、输入、修改、复制、剪切、粘贴、查找、替换、撤销等操作可以通过菜单完成，也可以通过工具栏按钮完成，这些与 Word 之类的 Windows 编辑器用法完全相同，这里就不再重复叙述了。

（3）辅助

VC 不仅提供了“语法着色”帮助用户阅读程序，还可以通过一些快捷键检查常见的括号不匹配错误。MSDN 也可以在编辑过程中提示存在的变量名、函数名。很多程序员借助类似 Visual Assist X 的工具辅助开发，减少程序出错的可能性。

### 2. 开发 C 程序

（1）开发单个 C 语言程序

1）创建一个工作文件夹。

由于开发过程会产生一系列文件，因此建议每开发一个新的 C 程序就创建一个工作文件夹，还可以将所有工作文件夹集中到一起，如 E:\20120812\C、E:\20120812\D 等。

2）启动 Visual C++。

3）新建一个 C 语言源程序。

单击“文件”→“新建”命令（见图 A-2），弹出“新建”对话框。

选择“文件”选项卡下的“C++Source File”，在“E:\20120812\C”文件夹中创建 C 程序：ch2_1.c，如图 A-3 所示。

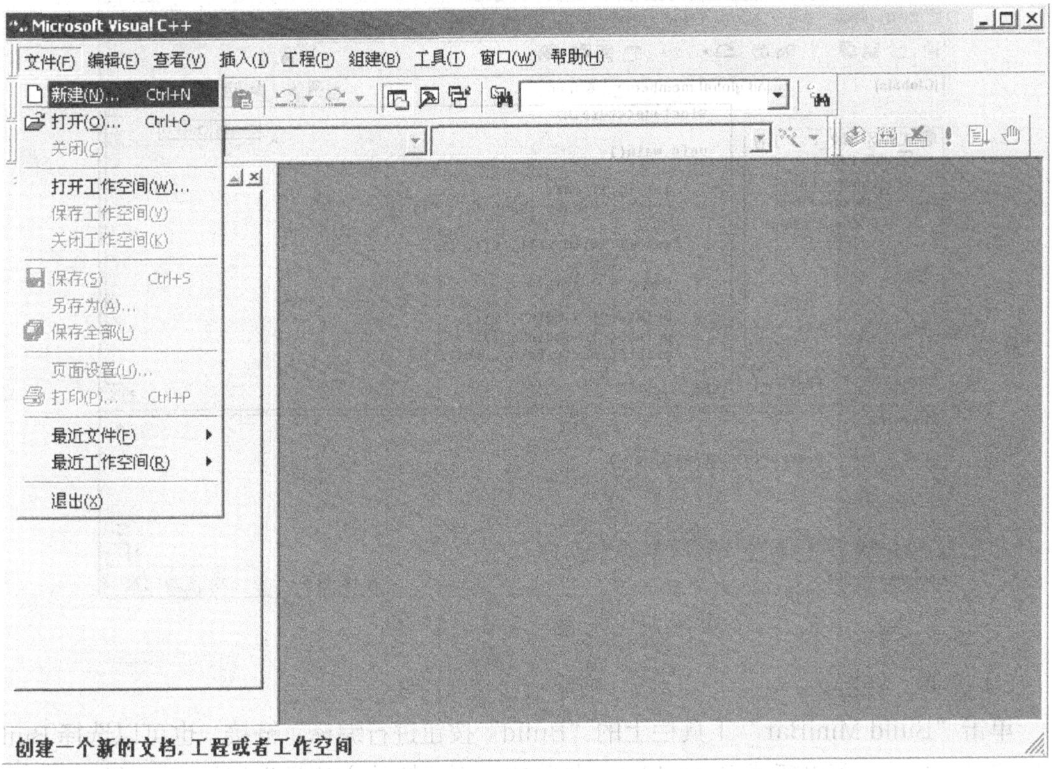


图 A-2

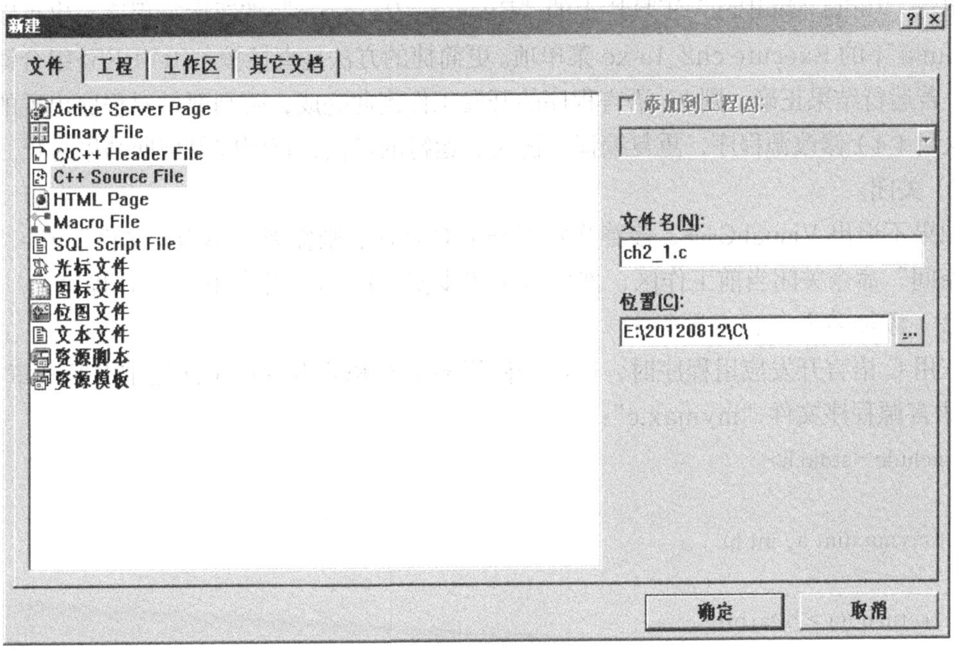


图 A-3

4）输入、编辑源程序。

注意，不要输入中文标点符号，要及时按<Ctrl+S>键保存文件，如图 A-4 所示。

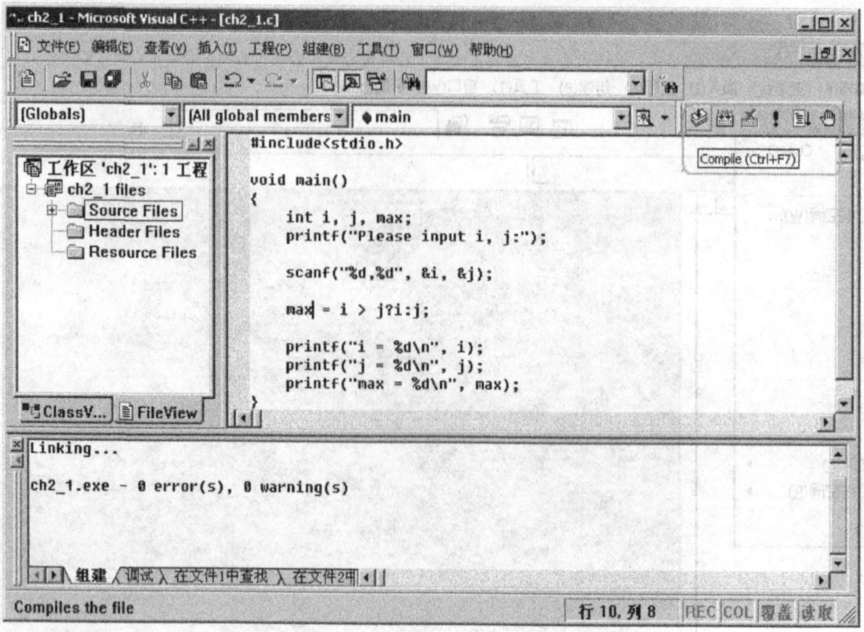


图 A-4

5）编译、链接。

单击“Build MiniBar”工具栏上的“Build”按钮进行编译、链接，也可以选择 Build 下的 Build（F7）菜单项或 Rebuild All 菜单项。更简捷的方法是直接按<F7>键。

6）运行。

单击“Build MiniBar”工具栏上的“Execute Program”按钮运行程序，也可以选择菜单 Build 下的 Execute ch2_1.exe 菜单项。更简捷的方法是直接按<Ctrl + F5>组合键运行程序。若运行结果正确，则 C 语言程序的开发工作到此完成，否则要针对程序出现的逻辑错误返回（4）修改源程序，重复编译、链接、运行的过程，直到取得预期结果为止。

7）关闭。

如果不退出 Visual C++，接着开发下一个 C 程序，则需要先单击“文件”File“关闭工作空间”命令关闭当前工作区，然后再按照步骤 1）～7）开发下一个 C 程序。

（2）添加多个 C 语言源程序

在用 C 语言开发应用程序时，往往会使用多个 C 语言源程序（详见本书第 6 章）。现有 C 语言源程序文件“mymax.c”：

```
#include <stdio.h>


int mymax(int a, int b)
{
    return ((a > b)?a:b);
}
```

将其添加到“ch2_1”的步骤如下：

首先打开“ch2_1.dsw”，单击项目工作区“ClassView”中的“Globals”选项，单击“工程”→“增加到工程”→“文件”命令，如图 A-5 和图 A-6 所示。

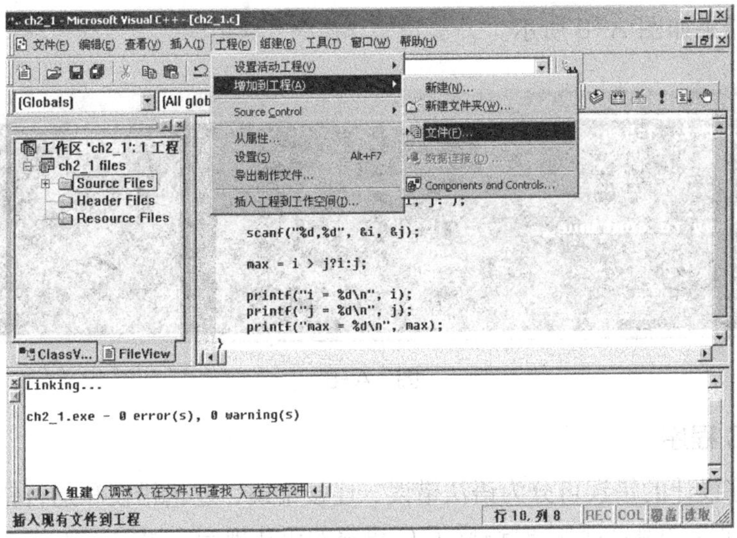


图 A-5

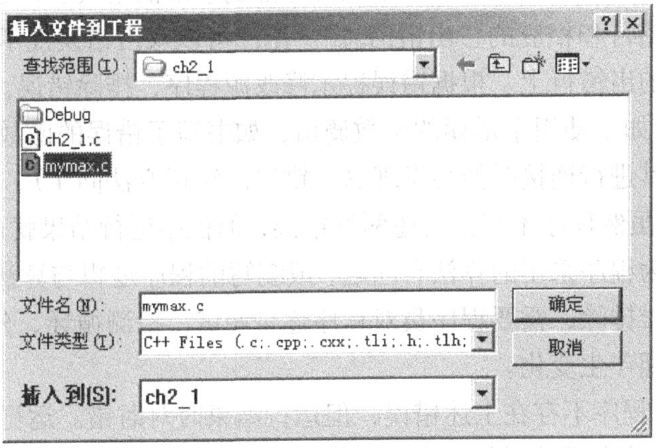


图 A-6

再在 main()函数中添加子函数说明和调用，如图 A-7 所示。

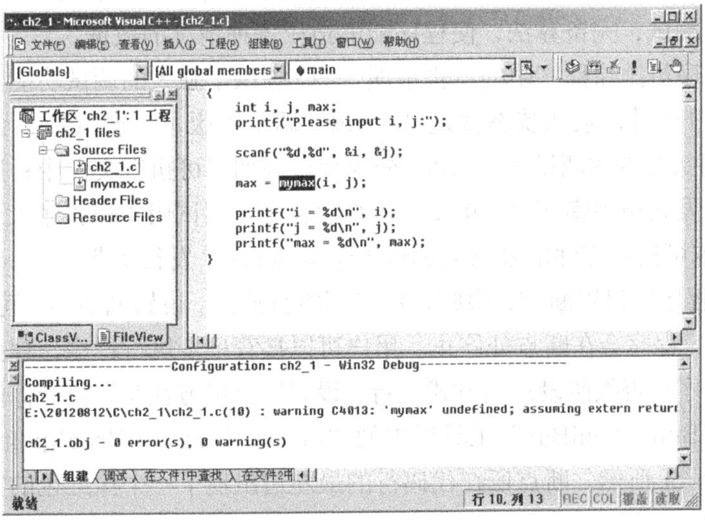


图 A-7

程序运行结果如图 A-8 所示。

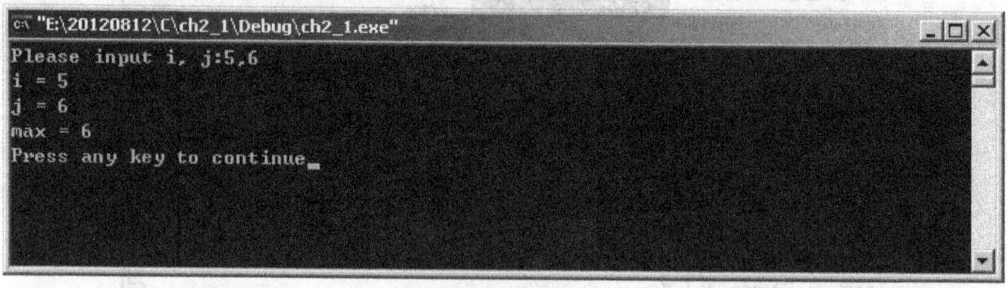


图 A-8

### 3. 调试 C 程序

C 语言程序设计的错误可分为语法错误、连接错误、逻辑错误和运行错误。

1）语法错误：在编写程序时违反了 C 语言的语法规定。语法不正确、关键词拼错、标点漏写、数据运算类型不匹配、括号不配对等都属于语法错误。在进入程序编译阶段，编译系统会给出出错行和相应的“出错信息”。用户可以双击错误提示行，将光标快速定位到出错代码所在的出错行上。根据错误提示修改源程序，排除错误。

2）连接错误：如果使用了错误的函数调用，如书写了错误的函数名或不存在的函数名，编译系统在对其进行连接时便会发现这一错误。纠正方法同 1）。

3）逻辑错误：虽然程序不存在上述两种错误，但程序运行结果就是与预期效果不符。逻辑错误往往是因为程序采用的算法有问题，或编写的程序逻辑与算法不完全吻合。逻辑错误比语法错误更难排除，需要程序员对程序逐步调试，检测循环、分支调用是否正确，变量值是否按照预期产生变化。

4）运行错误：程序不存在上述错误，但运行结果时对时错。运行错误往往是由于程序的容错性不高，可能在设计时仅考虑了一部分数据的情况，对于其他数据就不能适用了。例如，打开文件时没有检测打开是否成功就开始对文件进行读/写，结果程序运行时，如果文件能够顺利打开，则程序运行正确，反之则程序运行出错。要避免这种类型的错误，需要对程序反复测试，完备算法，使程序能够适应各种情况的数据。

为了方便程序员排除程序中的逻辑错误，VC 提供了强大的调试功能。每当创建一个新的 VC 工程项目时，默认状态就是 Debug（调试）版本。调试版本会执行编译命令 _D_DEBUG，将头文件的调试语句 ifdef 分支代码添加到可执行文件中；同时，加入的调试信息可以让开发人员观察变量，单步执行程序。由于调试版本包含了大量信息，因此生成的 Debug 版本可执行文件的容量会远远大于 Release（发行）版本。

VC 可以在程序中设置断点，跟踪程序实际执行流程。设置断点后，可以按<F5>键启动 Debug 模式，程序会在断点处停止。用户可以接着单步执行程序，观察各变量的值如何变化，确认程序是否按照设想的方式运行。设置断点的方法是：将光标停在要被暂停的那一行，单击“Build MiniBar”工具栏中的“Insert/Remove Breakpoint (F9)”按钮添加断点，如图 A-9 所示。断点所在代码行的最左边出现了一个深红色的实心圆点，这表示断点设置成功。

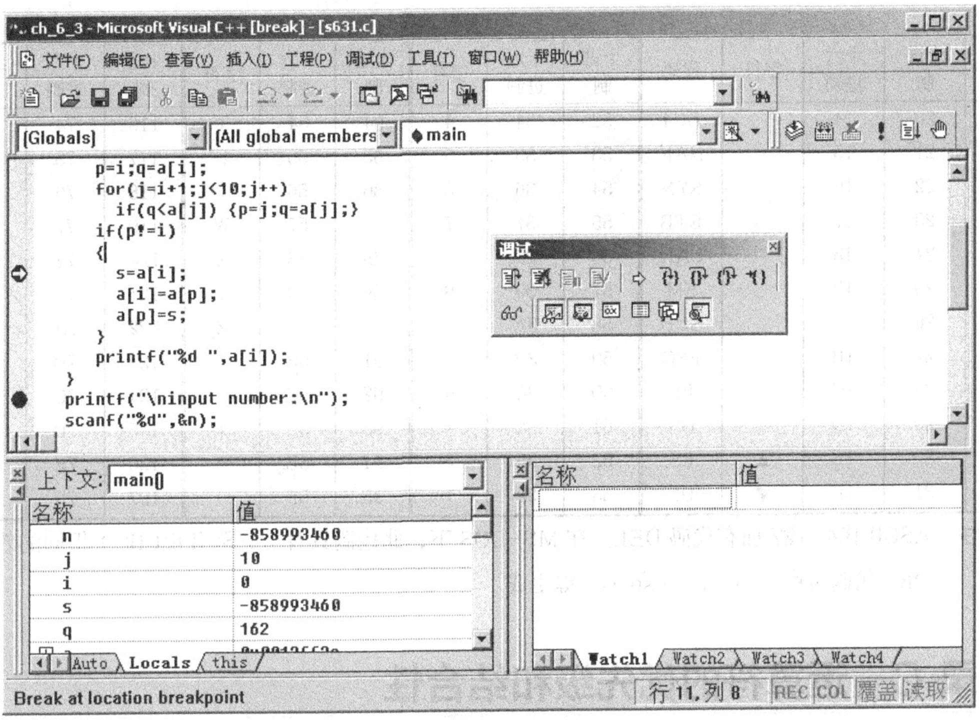


图 A-9

# 附录 B 常用字符与 ASCII 码对照表

| Ctrl | 十进制 | 十六进制 | 字符 | 代码 | 十进制 | 十六进制 | 字符 | 十进制 | 十六进制 | 字符 | 十进制 | 十六进制 | 字符 |
|---|---|---|---|---|---|---|---|---|---|---|---|---|---|
| ^@ | 0 | 00 | | NUL | 32 | 20 | | 64 | 40 | @ | 96 | 60 | ` |
| ^A | 1 | 01 | | SOH | 33 | 21 | ! | 65 | 41 | A | 97 | 61 | a |
| ^B | 2 | 02 | | STX | 34 | 22 | " | 66 | 42 | B | 98 | 62 | b |
| ^C | 3 | 03 | | ETX | 35 | 23 | # | 67 | 43 | C | 99 | 63 | c |
| ^D | 4 | 04 | | EOT | 36 | 24 | $ | 68 | 44 | D | 100 | 64 | d |
| ^E | 5 | 05 | | ENQ | 37 | 25 | % | 69 | 45 | E | 101 | 65 | e |
| ^F | 6 | 06 | | ACK | 38 | 26 | & | 70 | 46 | F | 102 | 66 | f |
| ^G | 7 | 07 | | BEL | 39 | 27 | ' | 71 | 47 | G | 103 | 67 | g |
| ^H | 8 | 08 | | BS | 40 | 28 | ( | 72 | 48 | H | 104 | 68 | h |
| ^I | 9 | 09 | | HT | 41 | 29 | ) | 73 | 49 | I | 105 | 69 | i |
| ^J | 10 | 0A | | LF | 42 | 2A | * | 74 | 4A | J | 106 | 6A | j |
| ^K | 11 | 0B | | VT | 43 | 2B | + | 75 | 4B | K | 107 | 6B | k |
| ^L | 12 | 0C | | FF | 44 | 2C | , | 76 | 4C | L | 108 | 6C | l |
| ^M | 13 | 0D | | CR | 45 | 2D | - | 77 | 4D | M | 109 | 6D | m |
| ^N | 14 | 0E | | SO | 46 | 2E | . | 78 | 4E | N | 110 | 6E | n |
| ^O | 15 | 0F | | SI | 47 | 2F | / | 79 | 4F | O | 111 | 6F | o |
| ^P | 16 | 10 | | DLE | 48 | 30 | 0 | 80 | 50 | P | 112 | 70 | p |
| ^Q | 17 | 11 | | DC1 | 49 | 31 | 1 | 81 | 51 | Q | 113 | 71 | q |
| ^R | 18 | 12 | | DC2 | 50 | 32 | 2 | 82 | 52 | R | 114 | 72 | r |
| ^S | 19 | 13 | | DC3 | 51 | 33 | 3 | 83 | 53 | S | 115 | 73 | s |

（续）

| Ctrl | 十进制 | 十六进制 | 字符 | 代码 | 十进制 | 十六进制 | 字符 | 十进制 | 十六进制 | 字符 | 十进制 | 十六进制 | 字符 |
|---|---|---|---|---|---|---|---|---|---|---|---|---|---|
| ^T | 20 | 14 | | DC4 | 52 | 34 | 4 | 84 | 54 | T | 116 | 74 | t |
| ^U | 21 | 15 | | NAK | 53 | 35 | 5 | 85 | 55 | U | 117 | 75 | u |
| ^V | 22 | 16 | | SYN | 54 | 36 | 6 | 86 | 56 | V | 118 | 76 | v |
| ^W | 23 | 17 | | ETB | 55 | 37 | 7 | 87 | 57 | W | 119 | 77 | w |
| ^X | 24 | 18 | | CAN | 56 | 38 | 8 | 88 | 58 | X | 120 | 78 | x |
| ^Y | 25 | 19 | | EM | 57 | 39 | 9 | 89 | 59 | Y | 121 | 79 | y |
| ^Z | 26 | 1A | | SUB | 58 | 3A | : | 90 | 5A | Z | 122 | 7A | z |
| ^[ | 27 | 1B | | ESC | 59 | 3B | ; | 91 | 5B | [ | 123 | 7B | { |
| ^\ | 28 | 1C | | FS | 60 | 3C | < | 92 | 5C | \ | 124 | 7C | \| |
| ^] | 29 | 1D | | GS | 61 | 3D | = | 93 | 5D | ] | 125 | 7D | } |
| ^^ | 30 | 1E | ▲ | RS | 62 | 3E | > | 94 | 5E | ^ | 126 | 7E | ~ |
| ^- | 31 | 1F | ▼ | US | 63 | 3F | ? | 95 | 5F | — | 127 | 7F | ⌂* |

注：ASCII 代码 127 拥有代码 DEL。在 MS-DOS 下，此代码具有与 ASCII 8（BS）相同的效果。DEL 代码可由<Ctrl+Backspace>键生成。

# 附录 C　运算符的优先级和结合性

| 优先级 | 运算符 | 含义 | 运算类型 | 结合性 |
|---|---|---|---|---|
| 1 | ( )<br>[ ]<br>-><br>. | 圆括号<br>下标运算符<br>指向结构体成员运算符<br>结构体成员运算符 | 单目 | 自左向右 |
| 2 | !<br>~<br>++、--<br>(类型关键字)<br>+、-<br>*<br>&<br>sizeof | 逻辑非运算符<br>按位取反运算符<br>自增、自减运算符<br>强制类型转换<br>正、负号运算符<br>指针运算符<br>取地址运算符<br>长度运算符 | 单目 | 自右向左 |
| 3 | *、/、% | 乘、除、求余运算符 | 双目 | 自左向右 |
| 4 | +、- | 加、减运算符 | 双目 | 自左向右 |
| 5 | <<<br>>> | 左移运算符<br>右移运算符 | 双目 | 自左向右 |
| 6 | <、<=、>、>= | 小于、小于等于、大于、大于等于 | 关系 | 自左向右 |
| 7 | = =、! = | 等于、不等于 | 关系 | 自左向右 |
| 8 | & | 按位与运算符 | 位运算 | 自左向右 |
| 9 | ^ | 按位异或运算符 | 位运算 | 自左向右 |
| 10 | \| | 按位或运算符 | 位运算 | 自左向右 |
| 11 | && | 逻辑与运算符 | 位运算 | 自左向右 |
| 12 | \|\| | 逻辑或运算符 | 位运算 | 自左向右 |
| 13 | ? : | 条件运算符 | 三目 | 自右向左 |
| 14 | =、+=、-=、*=<br>/=、%=、<< =、>> =、&=、^=、\|= | 赋值运算符 | 双目 | 自右向左 |
| 15 | , | 逗号运算 | 顺序 | 自左向右 |

# 附录 D　常用 C 语言标准库函数

C 语言编译系统提供库函数。限于篇幅，本附录从教学需求角度列出基本常用的标准库函数。

## 1. 数学函数：#include<math.h>或#include “math.h”

| 函数名 | 函数原型 | 功能 | 返回值 |
|---|---|---|---|
| acos | double acos(double x); | 计算 arccos x 的值，其中-1≤x≤1 | 计算结果 |
| asin | double asin(double x); | 计算 arcsin x 的值，其中-1≤x≤1 | 计算结果 |
| atan | double atan(double x); | 计算 arctan x 的值 | 计算结果 |
| atan2 | double atan2(double x, double y); | 计算 arctan x/y 的值 | 计算结果 |
| cos | double cos(double x); | 计算 cos x 的值，其中 x 的单位为弧度 | 计算结果 |
| cosh | double cosh(double x); | 计算 x 的双曲余弦 cosh x 的值 | 计算结果 |
| exp | double exp(double x); | 求 $e^x$ 的值 | 计算结果 |
| fabs | double fabs(double x); | 求 x 的绝对值 | 计算结果 |
| floor | double floor(double x); | 求出不大于 x 的最大整数 | 该整数的双精度实数 |
| fmod | double fmod(double x, double y); | 求整除 x/y 的余数 | 返回余数的双精度实数 |
| frexp | double frexp(double val, int *eptr); | 把双精度数 val 分解成数字部分（尾数）和以 2 为底的指数，即 $val=x*2^n$，n 存放在 eptr 指向的变量中 | 数字部分 x<br>0.5≤x<1 |
| log | double log(double x); | 求 lnx 的值 | 计算结果 |
| log10 | double log10(double x); | 求 $\log_{10}x$ 的值 | 计算结果 |
| modf | double modf(double val, int *iptr); | 把双精度数 val 分解成数字部分和小数部分，把整数部分存放在 ptr 指向的变量中 | val 的小数部分 |
| pow | double pow(double x, double y); | 求 $x^y$ 的值 | 计算结果 |
| sin | double sin(double x); | 求 sin x 的值，其中 x 的单位为弧度 | 计算结果 |
| sinh | double sinh(double x); | 计算 x 的双曲正弦函数 sinh x 的值 | 计算结果 |
| sqrt | double sqrt (double x); | 计算 ，其中 x≥0 | 计算结果 |
| tan | double tan(double x); | 计算 tan x 的值，其中 x 的单位为弧度 | 计算结果 |
| tanh | double tanh(double x); | 计算 x 的双曲正切函数 tanh x 的值 | 计算结果 |

## 2. 字符函数：#include<ctype.h>或#include “ctype.h”

| 函数名 | 函数原型 | 功能 | 返回值 |
|---|---|---|---|
| isalnum | int isalnum(int ch); | 检查 ch 是否是字母或数字 | 是字母或数字则返回 1，否则返回 0 |
| isalpha | int isalpha(int ch); | 检查 ch 是否是字母 | 是字母则返回 1，否则返回 0 |
| iscntrl | int iscntrl(int ch); | 检查 ch 是否是控制字符（其 ASCII 码在 0 和 0xlF 之间） | 是控制字符则返回 1，否则返回 0 |
| isdigit | int isdigit(int ch); | 检查 ch 是否是数字 | 是数字则返回 1，否则返回 0 |
| isgraph | int isgraph(int ch); | 检查 ch 是否是可打印字符（其 ASCII 码在 0x21～0x7e 之间），不包括空格 | 是可打印字符则返回 1，否则返回 0 |
| islower | int islower(int ch); | 检查 ch 是否是小写字母（a～z） | 是小字母则返回 1，否则返回 0 |
| isprint | int isprint(int ch); | 检查 ch 是否是可打印字符（其 ASCII 码在 0x21～0x7e 之间），不包括空格 | 是可打印字符则返回 1，否则返回 0 |
| ispunct | int ispunct(int ch); | 检查 ch 是否是标点字符(不包括空格)，即除字母、数字和空格以外的所有可打印字符 | 是标点则返回 1，否则返回 0 |

（续）

| 函数名 | 函数原型 | 功能 | 返回值 |
|---|---|---|---|
| isspace | int isspace(int ch); | 检查 ch 是否是空格、跳格符（制表符）或换行符 | 是，则返回 1，否则返回 0 |
| isupper | int isupper(int ch); | 检查 ch 是否是大写字母（A～Z） | 是大写字母则返回 1，否则返回 0 |
| isxdigit | int isxdigit(int ch); | 检查 ch 是否是一个 16 进制数字（即 0～9，或 A～F，a～f） | 是，则返回 1，否则返回 0 |
| tolower | int tolower(int ch); | 将 ch 字符转换为小写字母 | 返回 ch 对应的小写字母 |
| toupper | int toupper(int ch); | 将 ch 字符转换为大写字母 | 返回 ch 对应的大写字母 |

### 3. 字符串函数：#include<string.h>或#include “string.h”

| 函数名 | 函数原型 | 功能 | 返回值 |
|---|---|---|---|
| memchr | void memchr(void *buf, char ch, unsigned count); | 在 buf 的前 count 个字符里搜索字符 ch 首次出现的位置 | 返回指向 buf 中 ch 的第一次出现的位置指针。若没有找到 ch，则返回 NULL |
| memcmp | int memcmp(void *buf1, void *buf2, unsigned count); | 按字典顺序比较由 buf1 和 buf2 指向的数组的前 count 个字符 | 若 buf1<buf2，则为负数<br>若 buf1=buf2，则返回 0<br>若 buf1>buf2，则为正数 |
| memcpy | void *memcpy(void *to, void *from, unsigned count); | 将 from 指向的数组中的前 count 个字符复制到 to 指向的数组中。from 和 to 指向的数组不允许重叠 | 返回指向 to 的指针 |
| memove | void *memove(void *to, void *from, unsigned count); | 将 from 指向的数组中的前 count 个字符复制到 to 指向的数组中。from 和 to 指向的数组不允许重叠 | 返回指向 to 的指针 |
| memset | void *memset(void *buf, char ch, unsigned count); | 将字符 ch 复制到 buf 指向的数组前 count 个字符中 | 返回 buf |
| strcat | char *strcat(char *str1, char *str2); | 把字符 str2 接到 str1 后面，取消原来 str1 最后面的串结束符 “\0” | 返回 str1 |
| strchr | char *strchr(char *str,int ch); | 找出 str 指向的字符串中第一次出现字符 ch 的位置 | 返回指向该位置的指针，如找不到，则应返回 NULL |
| strcmp | int *strcmp(char *str1, char *str2); | 比较字符串 str1 和 str2 | 若 str1<str2，则为负数<br>若 str1=str2，则返回 0<br>若 str1>str2，则为正数 |
| strcpy | char *strcpy(char *str1, char *str2); | 把 str2 指向的字符串复制到 str1 中去 | 返回 str1 |
| strlen | unsigned intstrlen(char *str); | 统计字符串 str 中字符的个数(不包括终止符 “\0”) | 返回字符个数 |
| strncat | char *strncat(char *str1, char *str2, unsigned count); | 把字符串 str2 指向的字符串中最多 count 个字符连到串 str1 后面，并以 NULL 结尾 | 返回 str1 |
| strncmp | int strncmp(char *str1,*str2, unsigned count); | 比较字符串 str1 和 str2 中至多前 count 个字符 | 若 str1<str2，则为负数<br>若 str1=str2，则返回 0<br>若 str1>str2，则为正数 |
| strncpy | char *strncpy(char *str1,*str2, unsigned count); | 把 str2 指向的字符串中最多前 count 个字符复制到串 str1 中去 | 返回 str1 |
| strnset | void *setnset(char *buf, char ch, unsigned count); | 将字符 ch 复制到 buf 指向的数组前 count 个字符中 | 返回 buf |
| strset | void *setset(void *buf, char ch); | 将 buf 所指向的字符串中的全部字符都变为字符 ch | 返回 buf |
| strstr | char *strstr(char *str1,*str2); | 寻找 str2 指向的字符串在 str1 指向的字符串中首次出现的位置 | 返回 str2 指向的字符串首次出现的地址，否则返回 NULL |

## 4. 输入/输出函数：#include<stdio.h>或#include "stdio.h"

| 函数名 | 函数原型 | 功能 | 返回值 |
|---|---|---|---|
| clearerr | void clearer(FILE *fp); | 清除文件指针错误指示器 | 无 |
| close | int close(int fp); | 关闭文件(非 ANSI 标准) | 关闭成功则返回 0，不成功则返回-1 |
| creat | int creat(char *filename, int mode); | 以 mode 所指定的方式建立文件(非 ANSI 标准) | 成功则返回正数，否则返回-1 |
| eof | int eof(int fp); | 判断 fp 所指的文件是否结束 | 文件结束则返回 1，否则返回 0 |
| fclose | int fclose(FILE *fp); | 关闭 fp 所指的文件，释放文件缓冲区 | 关闭成功则返回 0，不成功则返回非 0 |
| feof | int feof(FILE *fp); | 检查文件是否结束 | 文件结束则返回非 0，否则返回 0 |
| ferror | int ferror(FILE *fp); | 测试 fp 所指的文件是否有错误 | 无错则返回 0，否则返回非 0 |
| fflush | int fflush(FILE *fp); | 将 fp 所指的文件的全部控制信息和数据存盘 | 存盘正确则返回 0，否则返回非 0 |
| fgets | char *fgets(char *buf, int n, FILE *fp); | 从 fp 所指的文件读取一个长度为(n-1)的字符串，存入起始地址为 buf 的空间 | 返回地址 buf。若遇文件结束或出错，则返回 EOF |
| fgetc | int fgetc(FILE *fp); | 从 fp 所指的文件中取得下一个字符 | 返回所得到的字符，出错则返回 EOF |
| fopen | FILE *fopen(char *filename, char *mode); | 以 mode 指定的方式打开名为 filename 的文件 | 成功，则返回一个文件指针，否则返回 0 |
| fprintf | int fprintf(FILE *fp, char *format,args,…); | 把 args 的值以 format 指定的格式输出到 fp 所指的文件中 | 实际输出的字符数 |
| fputc | int fputc(char ch, FILE *fp); | 将字符 ch 输出到 fp 所指的文件中 | 成功则返回该字符，出错则返回 EOF |
| fputs | int fputs(char str, FILE *fp); | 将 str 指定的字符串输出到 fp 所指的文件中 | 成功则返回 0，出错则返回 EOF |
| fread | int fread(char *pt, unsigned size, unsigned n, FILE *fp); | 从 fp 所指定文件中读取长度为 size 的 n 个数据项，存到 pt 所指向的内存区 | 返回所读的数据项个数，若文件结束或出错，则返回 0 |
| fscanf | int fscanf(FILE *fp, char *format,args,…); | 从 fp 指定的文件中按给定的 format 格式将读入的数据送到 args 所指向的内存变量中(args 是指针) | 已输入的数据个数 |
| fseek | int fseek(FILE *fp, long offset, int base); | 将 fp 指定的文件的位置指针移到 base 所指出的位置为基准、以 offset 为位移量的位置 | 返回当前位置，否则返回-1 |
| ftell | long ftell(FILE *fp); | 返回 fp 所指定的文件中的读/写位置 | 返回文件中的读/写位置，否则返回 0 |
| fwrite | int fwrite(char *ptr, unsigned size, unsigned n, FILE *fp); | 把 ptr 所指向的 n*size 个字节输出到 fp 所指向的文件中 | 写到 fp 文件中的数据项的个数 |
| getc | int getc(FILE *fp); | 从 fp 所指向的文件中读出下一个字符 | 返回读出的字符，若文件出错或结束，则返回 EOF |
| getchar | int getchar(); | 从标准输入设备中读取下一个字符 | 返回字符，若文件出错或结束则返回-1 |

（续）

| 函数名 | 函数原型 | 功能 | 返回值 |
|---|---|---|---|
| gets | char *gets(char *str); | 从标准输入设备中读取字符串存入 str 指向的数组 | 成功则返回 str，否则返回 NULL |
| open | int open(char *filename, int mode); | 以 mode 指定的方式打开已存在的名为 filename 的文件（非 ANSI 标准） | 返回文件号(正数)，若打开失败，则返回-1 |
| printf | int printf(char *format,args,…); | 在 format 指定的字符串的控制下，将输出列表 args 的值输出到标准设备 | 输出字符的个数。若出错，则返回负数 |
| prtc | int prtc(int ch, FILE *fp); | 把一个字符 ch 输出到 fp 所值的文件中 | 输出字符 ch，若出错，则返回 EOF |
| putchar | int putchar(char ch); | 把字符 ch 输出到 fp 标准输出设备 | 返回换行符，若失败，则返回 EOF |
| puts | int puts(char *str); | 把 str 指向的字符串输出到标准输出设备，将“\0”转换为回车行 | 返回换行符，若失败，则返回 EOF |
| putw | int putw(int w, FILE *fp); | 将一个整数 i(即一个字)写到 fp 所指的文件中(非 ANSI 标准) | 返回读出的字符，若文件出错或结束，则返回 EOF |
| read | int read(int fd, char *buf, unsigned count); | 从文件号 fp 所指定文件中读 count 个字节到由 buf 指示的缓冲区(非 ANSI 标准) | 返回真正读出的字节个数，若文件结束则返回 0，若出错则返回-1 |
| remove | int remove(char *fname); | 删除以 fname 为文件名的文件 | 成功返回 0，出错返回-1 |
| rename | int remove(char *oname, char *nname); | 把 oname 所指的文件名改为由 nname 所指的文件名 | 成功返回 0，出错则返回-1 |
| rewind | void rewind(FILE *fp); | 将 fp 指定的文件指针置于文件头，并清除文件结束标志和错误标志 | 无 |
| scanf | int scanf(char *format,args,…); | 从标准输入设备按 format 指示的格式字符串规定的格式，输入数据给 args 所指示的单元。args 为指针 | 读入并赋给 args 数据个数。若文件结束返回 EOF，若出错则返回 0 |
| write | int write(int fd, char *buf, unsigned count); | 从 buf 指示的缓冲区输出 count 个字符到 fd 所指的文件中(非 ANSI 标准) | 返回实际写入的字节数，若出错则返回-1 |

## 5. 动态存储分配函数：#include<stdlib.h>或#include“stdlib.h”

| 函数名 | 函数原型 | 功能 | 返回值 |
|---|---|---|---|
| callloc | void *calloc(unsigned n, unsigned size); | 分配 n 个数据项的内存连续空间，每个数据项的大小为 size | 分配内存单元的起始地址。若不成功，则返回 0 |
| free | void free(void *p); | 释放 p 所指内存区 | 无 |
| malloc | void*malloc(unsigned size); | 分配 size 字节的内存区 | 所分配的内存区地址，如内存不够，则返回 0 |
| realloc | void*realloc(void *p, unsigned size); | 将 p 所指的已分配的内存区的大小改为 size。size 可以比原来分配的空间大或小 | 返回指向该内存区的指针。若重新分配失败，则返回 NULL |

# 参 考 文 献


[1] 谭浩强. C 程序设计 [M]. 5 版. 北京：清华大学出版社，2017.

[2] 谭浩强. C 程序设计学习辅导 [M]. 5 版. 北京：清华大学出版社，2017.

[3] 周丰. C 语言教程 [M]. 武汉：华中科技大学出版社，2008.

[4] 教育部考试中心. 全国计算机等级考试二级教程 [M]. 北京：高等教育出版社，2016.

[5] 王宜贵. 软件工程 [M]. 2 版. 北京：机械工业出版社，2008.